悬挂在人类头上的
达摩克利斯之剑

核危机回忆录

刘金川◎编著

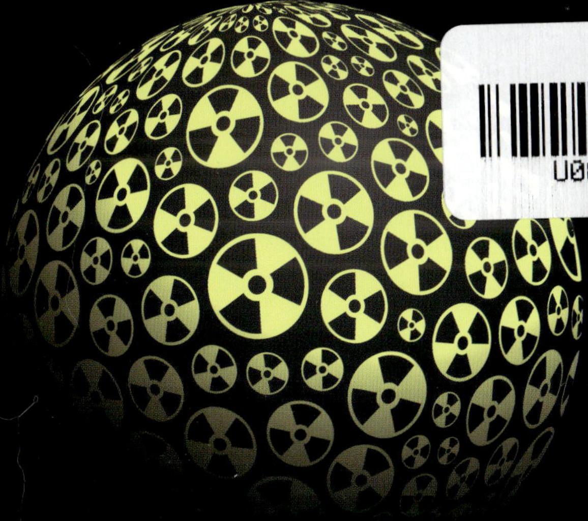

哈尔滨出版社
HARBIN PUBLISHING HOUSE

核危机

★长崎原子弹爆炸情景

★曼哈顿工程的领导人之一奥本海默

★原子弹“胖子”

★广岛原子弹爆炸后一片废墟

★原子弹“小男孩”

★比基尼核爆炸情景

★荒漠中原子弹爆炸试验

核危机

★氢弹爆炸时的情景

★与 K-19 号核潜艇型号相同的核潜艇

★与 K-171 号核潜艇型号相同的核潜艇

★加勒比海危机发生后，肯尼迪和艾森豪威尔在戴维营。

★游弋在大海中的俄亥俄级核潜艇

★伊朗布什尔核电站

核危机

★弗吉尼亚级核潜艇第二艘『得克萨斯』号即将下水

★ 1956 年，美国世平浦核电站内部图。

★三哩岛核电站

★人类第一座核反应堆设计者费米

★远眺切尔诺贝利核电站

核危机

★在切尔诺贝利核电站遇难者纪念碑前，一名儿童在祖母的画像前点燃蜡烛。

★爆炸前的福岛核电站

★发生爆炸事故的福岛核电站

前言

在古希腊时期，统治西西里最富庶地区的是一位叫做狄奥尼修斯的国王。他有着令人畏惧的权势，有着美轮美奂的宫殿，价值连城的珍宝以及众多恭顺的奴仆，这使得其宠臣达摩克利斯是艳羡不已。为了满足宠臣的贪欲，狄奥尼修斯国王便赋予了他足够的权力以实现其所有的欲望。

当达摩克利斯在国王的宫殿里兴奋地享用食物的时候，突然发现在自己头顶的天花板上悬着一把异常锋利的宝剑，而且剑柄只是由一根细细的马鬃系着，随时都有可能掉下来。

最后，达摩克利斯是心惊肉跳地逃离了宫殿。于是，国王便对他说，作为一个国王，除了拥有无上的荣耀与权力之外，还要承担各种风险，这些风险就像这把剑一样，随时都有可能掉下来，夺走我的一切。

这就是达摩克利斯之剑的典故。

核武风云

实际上，这把剑不仅存在于古代传说中，更存在于人们的现实生活中，它就是恐怖的人间凶器——核武器。

核武器因战争而生，由争霸而盛。当美国人通过“曼哈顿工程”成功研制了原子弹，然后将其投放到日本从而制造了十几万冤魂之时，这把达摩克利斯之剑便开始时时悬在人类的头上，让人们寝食难安、忧心不已。

核武器不仅能够破坏人们的肉体，更能对人的精神造成难以弥合的创伤。对于它所拥有的超强破坏力，人们在充满了敬畏的同时，也在处心积虑地想要拥有这把恐怖的魔鬼之剑。

于是，不仅像美国、苏联这样的超级大国积极进行核武器的研发活动，就连一些地区小国也跃跃欲试，都想要让核武器成为自己争夺霸权强有力的筹码。

因此，核军备竞赛就在你追我赶的气氛中拉开了序幕。在争夺全球霸权与地区利益的过程中，核武器往往会成为向他国进行威慑与阻吓的强有力武器，而人类也因此数次差点就被拖入世界核战争的泥潭之中。

在风景优美的加勒比海，美苏两国竞相利用核武器进行核恐吓；在矛盾丛生的中东地区，一些国家为了掌握地区霸权，不惜代价地研发核武器；在辽阔的大洋里，那些携带核弹头到处巡弋的核潜艇几度让人类处在核战争的边缘；在广阔的天空中，携带核武器的轰炸机又险些多次酿成核弹爆炸的人间悲剧。就更不用说，在冷战期间那些让人们多次惊出一身冷汗的核误判。

核电风波

自从人类发现了原子的强大能量，达摩克利斯之剑便如影随形地在人们的身边徘徊，即便是人类在苦苦地探索和平利用核能的道路之时，它也在吞噬着人们的肉体与灵魂，掠夺人们的幸福与安宁，带给人们痛苦与灾难。

在美国三哩岛，发生在核反应堆内部的一个小故障竟然酿成了美国历史上最严重的核泄漏事故，数十万生活在核电站附近的居民因此惶恐不安地逃离了这个恶魔般的区域；在乌克兰切尔诺贝利，核电史上最严重的核泄漏事件让当地居民，让整个欧洲，甚至让全世界都见证了“核”的恐怖力量，大量的放射性物质不仅让人们的身心遭受了剧烈的伤害，而且还要让几代人都生活在它的魔爪之下；在日本福岛，由地震和海啸引发的核泄漏事故让世人再一次谈核色变，让人类明白了虽然在核能利用方面取得了长足的进步，科技也在快速发展，但是核事故依旧会在我们的身边徘徊，依旧是人类生存的一大威胁。

事实上，人类在和平利用核能的过程中，出现的核事故远不止这些。这些发生在世界各地惊心动魄的放射性物质泄漏事故，无一不在警示着人们核危机还不会离我们远去，它还在威胁着我们的安宁与幸福，还在影响

着人类的生存与发展。

想要彻底消除核危机，想要让核灾难远离人类，人们还需要付出巨大的努力。建立各种核危机应对机制，更加安全地利用核能，加快核裁军的进程，防止核扩散，这不仅需要一国认真履行承诺，更需要世界各国彼此加强沟通、理解与信任，以负责任的态度去推动核能为人类造福的工作，如此，方能避免核阴云再次笼罩在人类的头上，也才能让人类享受核电带给自己的福祉。

核能就是一把双刃剑，用之为战争，则是全人类的不幸与灾难；用之为和平，则是所有人的万幸。避免核事故，化解核危机，不仅是为人类的和平与安宁作打算，更是为了人类的生存与发展而追求的长远大计。

上篇　核武风云

第一章
核武器：毁灭地球的恐怖凶器

第二章
“小男孩”降临日本：二战从此成为过往云烟

第三章

比基尼岛：美国核武发展史的展览厅

第四章

加勒比海危机：美苏竞相展示核肌肉

第五章

苏联核潜艇事故：世界大战差点从这里开始

第六章

中东核危机：恩恩怨怨几时休

下篇　核电风波

第一章

核电站：和平利用核能的良好开端

第二章

三哩岛核电站事故：首次核电站堆芯熔毁事故

第三章

切尔诺贝利核电站事故：20世纪最大的人间悲剧

第四章

日本福岛核危机：影响极其深远的核泄漏

第五章
化解核危机，让灾难远离我们

上篇 核武风云

第一章 核武器——毁灭地球的恐怖凶器

当科学家们发现了原子所蕴含的巨大能量之后，一种瞬间能够摧毁地球、毁灭人类的恐怖凶器便诞生了，这就是核武器。核武器诞生以后，它表现出来的强大军事意义和政治意义令其他国家也争先恐后地进行核研发活动。特别是美苏两国，为了争夺核优势，开展了数十年的核军备竞赛，竞相扩充各自的核武库，两国所拥有的核武器足以将我们的地球毁灭多次。

1 走进核武器
——微秒内即可完成的核爆炸

对于核武器，相信很多人都不陌生，它可谓是人类发明的最具杀伤性效果的武器。核武器爆炸威力非常巨大，而且十分迅速，微秒内即可完成。

其实，这种武器之所以会产生如此大的爆炸效果，主要就是因为原子核通过核裂变或者核聚变反应释放出来能量，产生爆炸，进而产生大规模杀伤及其连带的破坏效应。比如在爆炸发生后，核武器会直接或者间接地产生高温、高压冲击波、光辐射、核辐射、放射性沾染以及核电磁脉冲等杀伤破坏作用。

核武器的能量来源

想要了解核武器，首先我们需要知道一些关于物质基本结构的知识。

我们都知道，物质是由原子和分子构成的。原子是物质进行化学反应的最小单位，它可以构成分子，也可以直接构成物质。而原子又是由原子核和围绕原子核运动的电子组成的。原子核则由质子与中子组成。质子带正电荷，中子不带电，电子则为负电荷，由于质子数与电子数相等，因而原子从整体上看是呈中性的。

原子核内有大量的质子，按理说它们应该同性相斥才对，然而它们却紧密地“团结”在了一起。原因就在于核力所起到的强大作用。核力存在于质子与质子、质子与中子、中子与中子之间，但只有当核子（包括质子、中子）在一定的距离内，核力才会起到作用。如果距离太远的话，这种力是完全可以忽略掉的。

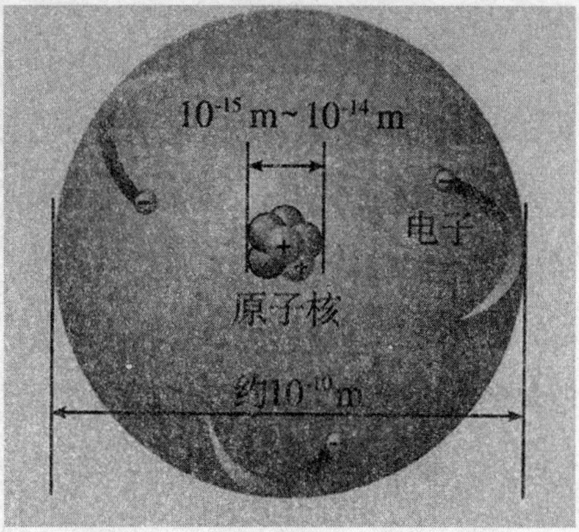

最简单的原子结构图

具有一定质子数与一定中子数的原子核就被称为核素。如果质子数或者中子数过多或者偏少，核素都会出现不稳定的状态，进而自发地产生蜕变，变为另一种核素，同时发生放射性衰变，产生各种放射线。

原子核虽然是由质子与中子构成的，然而它的质量并不等于核子质量之和，它们之间有一个差值。实际上，所有核素的原子核质量都比组成它的核子质量之和要小。这个质量之差就称为原子核的质量亏损。

根据质量守恒定律，物质的质量是不会消失的。那么在“质量亏损”中，亏损的能量究竟跑哪里去了呢？

原来，当核子结合为原子核时，就发生了质量亏损的现象，那些亏损的能量瞬间就以能量的形式释放出来。核武器之所以会有如此巨大的能量，其能量来源就在这里。人们将这个能量称为原子核的结合能。

核裂变以及裂变材料

科学家通过研究发现，想要获得核能，可以通过两条途径，其一是重核裂变，另外一个就是轻核聚变。

所谓的重核裂变就是指重原子核分裂成为两个质量相近的碎片的现象。例如，铀核裂变。在中子的作用下，原子核发生分裂后产生的碎片及其衰变子体就是裂变产物。

铀矿石

原子核在发生裂变的过程中，一方面会放出中子，另一方面还会放出能量。这对于核能的开发以及利用都具有十分重要的意义。而在核武器的研发中，人们经常要用到的裂变材料主要是铀（U）和钚（Pu）。

在地壳中，铀的平均含量约为百万分之二点五，比钨、汞、金、银等元素的含量还高，而且在地壳中分布还很广泛。但是，铀在各种岩石中的含量却不均匀，而且是以化合状态存在着。因此，人们想要得到纯度极高的铀，就需要不断地进行提炼。

在天然状态中，铀矿经常是铀-234、铀-235、铀-238三位同位素共生的混合物，其中铀-238是其主要的成分，而铀-235则是唯一可用于工程使用的易裂变原子核。由于铀-235在铀矿中的含量非常低，大约只有0.7%，因此无论是核电站用铀，还是制造核武器，都需要不断提高它的丰度，这一过程就称为铀浓缩。

根据国际上的规定，铀-235的丰度如果达到3%就是核电站发电所需要的低浓缩铀，如果丰度超过80%就属于高浓缩铀。而丰度一旦达到90%以上，那就是武器级高浓缩铀了，这种浓度的铀可以用来制造各种核武器。通常，如果想要获得1千克武器级铀-235，人们大约需要用200吨铀矿石来提炼。

一般情况下，人们将铀矿开采出来之后，在经过粉碎、淋洗、吸附等诸多程序将其变成天然铀的化合物之后，再利用气体扩散法、离心法、喷嘴分离法以及激光法等进行同位素分离。而人们在利用气体离心法提炼浓缩铀时，通常采用的关键设备就是气体离心分离机。

这个铀浓缩活动是一个异常庞大的系统，利用每秒达到两万转以上的高速离心机，就能将其他同位素从天然铀矿石中分离出去，从而得到浓度达到95%以上的铀-235。二战末期，美国在日本广岛投放的代号为“小男孩”的原子弹就是通过劳伦斯法分离制成的。

而钚则是世界上所有物质中化学毒性最强的物质。它有十多种放射性同位素，但在自然界里只有两种，即为钚-244和钚-239。而常常被用来制造核武器的就是钚-239。1945年，美军投向日本长崎的原子弹其实就是一颗钚弹。

在自然界中，钚-239的丰度很低。在人工环境下，它一般是在热中子反应堆中利用中子照射铀-238而获得的。

相对于铀-235，钚-239的核性能更为优良。比如，它的裂变性能好，临界质量也小，制造出来的核武器不但体积小，而且威力大。然而，钚-239也有一定的劣势，那就是它生产成本很高，还有着化学毒性大、放射性强等一系列缺点。

核聚变及其聚变材料

所谓轻核聚变就是指通过两个较轻的原子核结合成一个重原子核，并释放出核能的热核反应。

早在20世纪上半叶，科学家就已经意识到太阳和大部分恒星的主要能量来源于轻核的聚变。通过进一步的研究，人们发现太阳中含有大量的氢，氢元素在相互结合变为氦（He）的过程中，就会释放出巨大的能量。

于是，人们由此考虑是否通过这一反应来获得核能，从而制造出威力更大

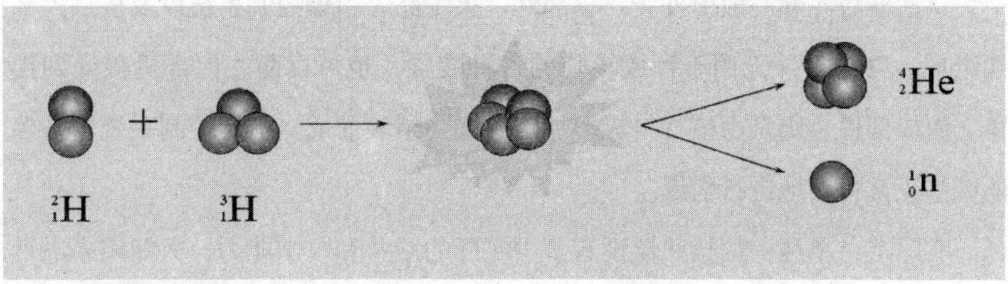

氘、氚核聚变示意图

的氢弹。最终，在原子弹发明之后，这个理论成为了现实。

这是因为核聚变需要在高温、高压下才能实现。能满足这一条件的，就只能通过原子弹爆炸来形成。所以，目前很多国家的核武器都是采用“氢弹＋原子弹”的结构形式，原子弹利用自己提供的初始条件，来将氢弹引爆。

在制造核武器的材料中，氘（$^{2}_{1}H$）和氚（$^{3}_{1}H$）是最常用的聚变材料，它们都是氢的同位素。氘是由重水电解提取的，而生产重水的原料就是取之不尽、用之不竭的天然水。但是，氚在自然界中的含量却很低，而且不稳定，半衰期还短。所以，科学家目前主要是在反应堆中用热中子照射锂-6来制取氚。

由于氘与氚密度极低，因此用其来制造核武器很不方便，所以人们一般是将它们与最轻的元素化合而成固体化合物，来进行保存或者使用。

到目前为止，在核电站应用方面，核聚变还难以被人们安全地加以利用，这也成为了科学家进行试验研究的重大课题。假如将来人们可以对热核反应有效地加以约束，在人们的操控下有控制地产生与进行，就能够实现受控热核反应。受控热核反应是聚变反应堆的基础。一旦聚变反应堆获得成功，那么我们人类就能够获得最清洁而又取之不尽的能源了。

核武器的结构及其威力

核武器从诞生之日至今已经经历了60多年的时间，它的种类与功能逐渐增多，但是其爆炸原理和内部结构基本上是大同小异的。

核武器战斗部一般由外壳、核部件、火工品、引爆控制系统以及核点火部件组成。其中，外壳用于存放核弹的各种装置，也可以防止内部机械受到损坏。而核部件，则是由核材料成形加工并适当组装而成。引爆控制系统用来保证核弹正常可靠地进行引爆。

实际上，单纯一枚核武器没有多少实际的威胁和攻击能力，只能用来进行核试验。想要核武器真正发挥作用，就要加上核弹投射系统以及指挥控制系统，这样才能组成有实际战略与战术意义的核武器系统。

毋庸置疑，核武器的杀伤效果是巨大而又恐怖的。其破坏作用的高低与它的威力有着直接的关系。核武器的威力指的是它爆炸时释放的总能量，一般以吨、千吨、百万吨 TNT 当量来表示。例如，美军投向广岛的原子弹的威力是 2 万吨当量，这些能量相当于 2 万吨炸药释放出来的能量。

在美苏争霸期间，苏联曾经研制过 5000 万吨当量的核武器。也有的核武器威力较小，有一种核地雷其当量仅为 10 吨左右。

按照当量的大小，核武器可以分为四类，即小型核武器，当量在 2 万吨以下；中型核武器，当量在 2 万吨到 10 万吨之间；大型核武器，当量在 10 万吨到 50 万吨之间；特大型核武器，当量在 50 万吨以上。

总之，核武器无论当量是大还是小，是强还是弱，其给人类带来的伤害都是常规武器难以比拟的。

2 核武器家族
——长盛不衰、人丁兴旺

随着人类科技的发展，核武器新成员不断加入进来，其家族也逐渐发展壮大。从不同的角度进行划分，核武器能够分为多种类别。按照核装置的结构划分，核武器可分为原子弹、氢弹、中子弹、核电磁脉冲弹、伽马射线弹、感生放射性弹、弱剩余辐射波弹、核爆激励 X 射线激光器、核爆激励高功率微波武器等等。

原子弹

原子弹是通过核裂变材料使其迅速达到超临界状态，在中子的引发下实现

原子弹爆炸后升起的蘑菇云

链式反应而释放出巨大能量的。根据裂变系统达到超临界方法的不同，原子弹可分为枪法原子弹和内爆法原子弹两种类型。

枪法原子弹是依靠几块均达到次临界状态的核材料迅速合拢到一起，从而达到超临界状态的。这种原子弹结构十分简单，工艺要求也相对较低。然而，它也有缺点。那就是这种原子弹所需要核材料的质量很大，但核材料的利用率却又很低，一般都不会超过10%。例如，1945年投向日本广岛的枪法原子弹“小男孩”，其利用率约为1.1%。内爆法原子弹是依靠高能炸药的爆炸强烈压缩核材料，使其密度升高，从而达到超临界状态的。这种原子弹所需要的核材料相对较少，核材料的利用率可以高达20%，而且这种结构还可以带金属分层，即通过将核材料分为内外两层，并采用在两层中间留下一定空间的形式，靠外层重金属的冲击增压来达到核材料的高密度。所以，这种原子弹可谓是一种比较先进的结构形式。目前，世界上服役的原子弹大多数属于此类原子弹。

然而，这种原子弹并不是完美的，也有缺点。内爆法原子弹对核装置的几何精度要求十分高，理论上较为复杂，其对核装置也提出了更高的要求。

氢弹

氢弹，又称聚变武器或者热核武器。它是利用氢的同位素氘、氚等轻原子核的聚变反应，产生强烈爆炸的核武器。氢弹的杀伤破坏机理同原子弹基本相同，但是其威力却是原子弹的几十倍，几百倍，甚至上千倍。

按照在核武器中氘、氚材料物理状态以及加入材料的不同，氢弹可分为“湿式”氢弹、“干式”氢弹以及三相弹。

“湿式”氢弹就是在氢弹弹壳里装有液态的氘和氚（“湿式”氢弹由此得名），这是氢弹的聚变核装药。另外，还有三块互相分开的铀或钚块，它们是原子弹的核装药，此外还有高能炸药和引爆装置。当雷管引起高能炸药爆炸时，就将分开的铀（钚）块推到一起，达到临界质量，产生原子弹爆炸。原子弹爆炸产生的高温、高压环境又使得氘和氚通过高速撞击，产生聚变反应，从

美国试爆第一颗氢弹

而放出大量的能量，最终形成了氢弹的爆炸。

“湿式”氢弹虽然比原子弹威力大，但也有不少的缺点。其使用的热核材料氘和氚在常温常压下属于气态，密度很小，只有在低温或者高压下才能成为液体，所以必须放在笨重的冷藏容器中。如果这样的话，氢弹就会变得十分臃肿，从而失去其军用价值了。此外，提取氚的成本十分高，而且氚的半衰期较短，因此氢弹就变得十分昂贵，并且难以长久贮存。

“干式”氢弹就是在引爆信号的作用下，高能炸药首先爆炸，压缩位于装置中心部位的裂变材料铀或者钚，使其达到临界状态，形成链式反应，从而释放出大量的能量，压缩位于其外部的聚变材料 6LiD，由于这时相当于在 6LiD 材料的内部爆炸了一颗子弹，爆心处产生了上百亿个大气压以及数千万度的高温，因而 6LiD 的密度大大提高，进而产生了上述的两个轻核的反应，从而形成猛烈的氢弹爆炸。

三相弹，也称“氢铀弹”。它是一种利用氢弹及其外部铀 -238 反射层共同激发弹体中的热核材料发生聚变，从而得到更大能量的氢弹。这种核武器要经历核裂变、核聚变、核裂变这三个过程，故名三相弹。它能够成倍提高普通氢弹的威力。目前，三相弹的破坏力居核弹之首。

中子弹

中子弹，也称“增强辐射弹”，它是一种经过特殊设计、以高能中子辐射为主要杀伤因素的核武器。

中子弹弹体内部基本上由四部分组成。弹体上部有一个微型原子弹，上部分的中心是一个亚临界质量的钚 -239，高能炸药遍布周围。弹体下部的中心则是储氚器，里面装有含氘氚的混合物。在储氚器的外围则是聚苯乙烯。

中子弹的外层包裹着铍反射层。在引爆弹体时，高能炸药会产生高温高压，从而使得钚的密度剧烈增加。当受到压缩的钚球达到超临界状态后就会起爆，进而产生强 γ 射线和 X 射线以及超高压，强射线会以光速向周围传播。下部的高密度聚苯乙烯在吸收了强 γ 射线和 X 射线后，快速变为高能等离子体，使得储氚器里的含氘氚混合物在高温与高压下，发生聚变反应，向四周释放出大量的高能中子，最终达到杀伤破坏的作用。

相对于其他核武器，中子弹产生的冲击波、光辐射、放射性污染较弱。这种核武器在发生爆炸后，会释放出十分强烈的中子射流，其能够有效地杀伤敌方人员，但是对建筑物以及其他设施只会造成较小的破坏。另外，在同等当量的情况下，中子弹还能产生更多的中子数以及中子能量，贯穿能力、射程和作战半径也都很大。但是，中子弹也有它的缺点，比如生产中子弹需要的材料十分贵重，制造工艺复杂，造价高昂等等。

尽管如此，世界各国对发展中子弹仍十分热衷，主要原因就在于它的实用价值高，可以作为战术核武器，用以战场支援。它在爆炸后所产生的放射性沾染很轻，军队可以快速进入爆炸区域进行作战。在实际作战中，中子弹可以有效地对付敌方装甲集群的进攻。

弱剩余辐射弹

弱剩余辐射弹，又称冲击波弹。它是一种以冲击波效应为主要杀伤破坏因素的特殊性能核武器。其当量一般在千吨 TNT 以下。

这种核武器由于产生的放射性沉降较低，光辐射效应也显著减少，杀伤破坏效果与常规炸弹相近，因此可用做有实战意义的战术核武器，用以摧毁敌方坚固的防御工事、装甲力量、武装人员以及其他重要的军事设施。

核电磁脉冲弹

核电磁脉冲弹是一种通过在大气层以上爆炸，进而产生大量定向或者不定向的强电磁脉冲，用以毁伤敌方通信系统的核武器。

这种核武器在爆炸后，会产生大量的辐射、热浪以及震波。同时，爆炸产生的射线会撞击空气中的气体分子，大量的自由电子因此会释放出来。这些自由电子在地球磁场的作用下，产生超强电磁辐射，形成一个大电磁场，从而毁伤敌方的电力与电子系统。核电磁脉冲弹的强度大，爆炸覆盖区域也广。同时，它攻击目标所花费的时间很短，命中率很高，没有质量故障，也不存在弹道等问题。

伽马射线弹

伽马射线弹是一种以铪-178为爆炸材料、介于核武器和常规炸弹之间的新型炸弹。这种炸弹在爆炸后会产生大量的伽马射线，但不会发生原子分裂，也不会产生放射性尘埃，其杀伤效力要比常规炸弹大得多。这种炸弹由于不受核军控条约的限制和对发展核武器的限制，因此成为了一种极佳的战术威慑武器。但是，伽马射线弹的生产成本却十分高昂。

感生放射性弹

感生放射性弹是一种主要利用中子产生感生放射性物质，在一定时空环境下加强放射性沾染的核武器。利用这种核武器，人们可以达到阻滞敌军以及杀伤敌军的目的。一般在理论上，人们通常是利用钴-59，或锌-64作为特殊材料来实现增强放射性的沾染效果。

核激励X射线激光器

核激励X射线激光器是一种通过核爆炸产生的X射线照射激光工作物质，从而产生X射线激光的装置。目前，这种激光器还没有研制成功。在理论上，该激光器是在高空中使用，用以摧毁敌方发射的核导弹以及天基平台，具有重量轻、瞬时即可发射的优点。

除了以上这些核武器，核武器家族还在不断扩充。一些军事强国正在积极研发金属氢武器、核同质异能素武器、反物质武器、冷聚变武器等第四代核武器。

3 了解核试验——不良影响在千秋

核武器在正式进行实战部署之前，都要进行数目不等的核试验，用以检测核装置的威力及其他性能，查找核装置的设计缺陷，研究核爆环境下的各项因素的变化规律，或者是研究核能的和平利用等等事项。

一般情况下，核试验会分为三个阶段来进行。

首先，准备好核试验相关装置、场地、控制设备、纪录仪器以及效应物。同时，要随时监控试验区的气象变化，制订完善的安保措施以及意外突发情况应急措施等。

其次，核装置在引爆之后，要将核爆的各种信号进行测量和纪录，报告核试验的初步结果，收集核爆产物的样品，将试验成果回收，探测放射性剂量分布等等。最后，对整个核试验过程中的测试数据进行判断与处理，然后作出试验总结。

按照不同目的，核试验可分为武器原理试验、武器改进试验、武器定型试验、武器安全试验、效应研究试验，以及以和平利用为目的的核试验等；按照核试验时的不同环境条件，核试验又可分为大气层核试验、高空核试验、地下核试验以及水下核试验。

在核试验过程中，核装置会通过爆炸释放的巨大能量产生多种杀伤破坏效用，比如早期核辐射、光辐射、冲击波、核电磁脉冲、放射性沾染等。而且，这种效用还有可能持续几天、几个月、几年，甚至更长的时间。

早期核辐射，也称为贯穿辐射，是在核爆炸瞬间放出的有很强穿透能力的 γ 射线和中子束。早期核辐射能够导致生物出现放射病。

光辐射就是在核爆炸发生时，从成百上千万度高温中辐射出来的光和热。它们能够使生物体产生各类烧伤，甚至导致生物失明，还能引发一些物体燃烧、熔化、碳化，更可以引发火灾。

冲击波是在核爆发生时形成的高压气浪。它的传播速度很快，能够损伤生物体的器官，也能将生物体抛出，造成二次损伤，更能破坏核爆区域内的建筑、设施及其他物体。

核电磁脉冲就是在核爆时产生的大量带电离子，它们在爆炸中心区域暂时形成了强大电磁场，并以波的形式向四周扩展。核电磁脉冲的作用范围十分广泛，能够对电力和电子设施产生干扰或者破坏作用。

放射性沾染是在核爆时产生的放射性沉降物质对周边环境、动植物、人员装备等造成的放射性污染，其会使人们出现放射病。1954 年，美国在比基尼岛试验的 1500 万吨级氢弹，爆后几个小时，沾染区长达 257 千米，宽 64 千米。在这个范围内的所有生物都遭受了致命性沾染，过一段时间之后就会缓慢地死去，或者是落下终身残疾。

1945 年 7 月 16 日，美国进行了世界上首次核试验。截至 1998 年底，包括美国、苏联 / 俄罗斯、英国、法国、中国、印度和巴基斯坦在内的 7 个国家总共进行了 2000 多次已知的核试验。其中，美、苏 / 俄两国所进行的核试验占据了绝大多数。

根据官方的统计，美国总共进行了 1000 多次核试验，其中大多数是在内华达州试验场以及马绍尔群岛的太平洋核试验场进行的。苏联进行了 715 次核试验，其中大多数是在塞梅伊核武器试验场以及新地岛试验场进行的。法国进行了 210 次核试验，其中大多数是在非洲撒哈拉沙漠进行的。英国进行了 45 次核试验，其中有 21 次在澳大利亚领土进行，其他的则是在太平洋的圣诞岛进行的。中国进行了45次核试验，首次核试爆是在新疆罗布泊核试验场进行的。印度和巴基斯坦都进行过6次核试验。近年来，朝鲜也进行过2次核试验。

核试验对人类来说，可谓是贻害无穷。为了制止世界范围内的核军备竞赛，为了人类的福祉着想，制定相关的法律条约限制核试验是急切而其极其有必要的。

1963年8月，苏联、美国、英国三国在莫斯科签订了《禁止在大气层、外层空间和水下进行核武器试验条约》。1974年7月，美苏两国又签订了《美苏限制地下核武器试验条约》，规定从1976年3月31日起，不再进行爆炸当量在15万吨以上的地下核试验。1996年9月10日，联合国大会通过了《全面禁止核试验条约》。

但是，核试验只要不停止，它所引发的不良影响也就不会消失。所以，人们只有彻底停止核试验，才是真正地爱护我们的地球，也是在爱护我们自己。

4 早期核武研究历史——战争永远是助推剂

到19世纪末期的时候，物理学已经取得了长足的发展与进步。

1895年，德国物理学家伦琴在作阴极射线试验中过程中发现了X射线。1896年，法国物理学家安托万·亨利·贝克雷尔发现了天然放射性现象。之后，波兰科学家居里夫人重复了贝克雷尔的实验，并和其他科学家一起努力发现了放射性元素镭和钋。

1902年，英国物理学家卢瑟福提出了放射性使一种原子改变为另一

著名物理学家卢瑟福

种原子。此后，他又根据 α 粒子散射实验现象，提出了原子结构模型的假说，这为人们打开了原子世界的神秘大门。同时，卢瑟福还用 α 粒子轰击氮核，发现了质子，其实验过程也是人类历史上第一次实现的人工核反应。

1905 年，物理学家爱因斯坦提出了狭义相对论，并提出了著名的质能关系式：$E=mc^2$。这个公式为日后进行的核裂变和核聚变提供了理论基础。

1912 年，丹麦物理学家玻尔进一步论述了卢瑟福的原子行星模型，并将量子理论和经典力学相互结合，从而进一步为人们指明了研究核物质的方向。

1928 年以后，在德国物理学家博特和贝克，居里夫人的女儿伊伦•居里，美国物理学家劳伦斯，英国科学家查德威克以及其他科学家的不断努力下，人们最终发现了中子。中子的发现，使得人们控制和利用原子能的目标越来越近。

在发现中子以后，科学家们开始利用中子来轰击元素，以此来发现新的元素。终于，在奥地利物理学家迈特纳和自己的侄子弗里施以及德国化学家哈恩等人的研究之下，发现并证明了原子核的裂变现象，揭示出人类是能够把物质的部分能量直接转化为巨大的能量的奥秘。

同时，迈特纳与弗里施还通过实验，证明了铀原子的分裂现象，然后在英国《自然》杂志上描绘了铀裂变的基本图景。他们的文章在科学界引发了强烈的关注，其后很多科学家都重复了这一实验。

到这个时候，可以说在实验室中从原子核的核裂变中获得巨大能量的实验已经取得了突破，原子能的开发与利用已经成为可能。而接下来就看谁能够将理论转化为现实，从而制造出第一枚原子弹了。

德国早期核武器研发史

事实上，德国是最早从事核武器研究与实验的国家。弗里施的文章一经发表，很快就引起了德国科学家的注意。

在德国物理学家朱斯、哈特克等人的努力下，德国政府和军方逐渐对开发核武器发生了兴趣。于是在 1939 年，德国军方就开始组织科研人员进行链式裂变反应的研究工作，由物理学家海森伯负责这个项目。

其实，海森伯很早就在从事核裂变方面的研究工作。他从理论上分析了原子弹的工作原理，并指出建立以天然铀为燃料和以重水或者石墨为缓冲剂的核反应堆是可行的。

于是，海森伯、冯•魏扎克、哈特克、博特等人开始建造供反应堆研究用的实验室。他们认为，只要有充足的重水，反应堆实现链式反应就是可以实现的。

当时，二战已经爆发，德军横扫西欧诸国。1940 年 4 月份，德军占领了挪威，从而控制了世界上最大的重水生产工厂。哈特克等科学家立即对其进行适当的改造，以满足核武器研究的需要。到 1941 年底，德国科学家在原子弹研究方面已经取得了不小的进步。但是，随着德国在对外战争中战线的拉长以及规模的加大，德国高层更希望见到的是那些立竿见影的武器。

因此，德国核武研究的科研人员和研究经费被大规模削减。而且，德国在核武器研究方面组织混乱，政策又反复无常，这使得德国浪费了大量的研究时间。

同时，德国政府和军方高层对核武器研究重视不够，所以才致使生产的重水以及生产设备屡屡遭到盟军的破坏，从而延误了研发的进程。

1944 年，德国威廉皇帝化学所被盟军炸毁，威廉皇帝物理所不得不搬迁至维尔滕贝格州的一个石窑里进行“铀炉”实验。

到 1945 年初，这里已经建立起一个利用金属铀做燃料的新铀炉。同时，德国人又在斯图加特的一个岩洞里建立了一座用重水做减速剂的大型反应堆。因此，德国人的核武器研发工作可以说并没有停顿。

然而，此时二战接近了尾声，盟国军队已经进入德国境内。最终，盟军在攻占维尔滕贝格州后，没收并销毁了其境内的核试验装置。而位于斯图加特的反应堆也成为了盟军的战利品，随同被俘获的还有包括海森伯在内的大批德国科学家。

于是，德国法西斯的核武研究之路至此算是终结了。

纵观德国整个核研究历程，我们发现虽然德国在资源、工业、科技、财力以及人才等方面占有绝对的优势，但在核竞赛中却趋于下风，原因是多方面的。除了德国科学界保守势力的阻挠、纳粹当局实施的种族歧视与迫害、科学家不合作的态度，还有就是德国高层始终意识不到研发核武器的重大战略意义，因此才没有造出原子弹来。

对德国科学家以及纳粹德国来说，这或许是一种不幸。然而对于整个人类和平来说，这又是一种大大的幸运。

英国早期核武器研发史

英国人开始研制原子弹的时间也很早，很多科学家在核研究方面也取得了突出的成绩，例如查德威克、克饶夫、乔治•汤姆孙等著名的物理学家。

二战爆发前后，大量的科学家从欧洲大陆逃到了英伦三岛，这其中就有皮尔斯、弗里施、西蒙、波恩、富克斯、派尔斯、哈尔班、柯伐斯基等人。

起初，英国人虽然也知道了迈特纳与弗里施发现原子核裂变的消息，但对核研究却充满了怀疑。直到 1940 年 2 月份，弗里施与派尔斯共同撰写了一份报告，他们首次从理论与技术角度讨论了原子弹的问题，并认为用纯铀 -235 确实能够制造出原子弹，但原子弹会产生严重的放射性污染的问题。因为这份报告，英国政府开始关注这个还存在于理论上的原子弹。

1940 年 4 月份，英国政府成立了一个专门负责核研究的委员会，研究同位素分离与重核裂变等问题。然后，该委员会又吸纳了很多在英国的核物理学家。这年年底，他们通过实验与理论计算得出结论：用气体扩散法分离铀 -235 同位素并生产核武器所用的裂变材料是可行的。

1941 年 7 月份，该委员会发表报告详细描述了原子弹，并提议制造原子弹。这个提议得到了英国战时首相丘吉尔的全力支持，于是制造原子弹的计划——“合金管计划”开始启动了。

因为英国当时还处在与轴心国的战争之中，因而其核武研发计划在各方面都受到了限制。如气体扩散装置在英国本土研制，核反应堆和铀同位素气体分离工厂却建在加拿大，有一些零件还要在美国生产加工。

1942 年初，美国启动“曼哈顿工程”之后，英美之间就相互磋商，想要共同开发核武器。然而，因为诸多问题导致两国关系一度出现裂痕。但两国领导人都强调要紧密合作。

1943 年 8 月，英美达成《魁北克协议》，两国的合作关系得以恢复。根据这一协议，英国派遣了许多研究核武器的专家到美国，协助实施“曼哈顿工程”。这些科学家有玻尔、弗里施、派尔斯、查德威克、彭尼、巴拉泽克、蒙恩、突克、勃兰彻以及富克斯等人。查德威克是英国方面的负责人。

在两国科学家的坦诚合作之下，美国的原子弹终于研制成功。同时，在与美国的合作中，英国也了解到了发展核武器的关键技术。

战后，虽然美国结束了与英国的合作，但是英国还是在 1947 年决定自行制造原子弹。经过不断努力，英国终于在 1952 年 10 月 3 日于澳大利亚成功爆炸了第一颗原子弹。

美国早期核武器研发史

德国人在开始核武器的研究之后，深受纳粹迫害而流亡在美国的犹太裔

罗伯特·奥本海默

科学家西拉德、魏格纳和特勒对此是忧心忡忡。1939 年，他们说服了著名科学家爱因斯坦，让他致信美国总统罗斯福，建议开展核武器的研究工作。

罗斯福总统看信后，并不是十分重视。美国政府只是成立了一个专门委员会，来领导核研究工作。直到 1941 年底，美国才正式开始原子弹的研发工作——曼哈顿工程。

太平洋战争爆发后，美国加速了核武器的研发进程，并陆续兴建了三个核武器研发、生产基地。同时，在费米以及西拉德的领导下，美国建成了世界上第一个可控原子核链式裂变反应堆。这个反应堆在 1942 年底实现了自持的链式反应，也标志着人类进入了核能利用的新时代。

由于美国得天独厚的地理位置，资源丰厚，在众多科学家的努力下，原子弹研发工作取得了长足的进步。

至 1945 年，美国生产出了世界上第一批的三枚原子弹。同年 8 月，美军将代号为“小男孩”和“胖子”的原子弹分别投向了日本广岛与长崎，从而实现原子弹的首次实战应用。

苏联早期核武器研发史

迈特纳、弗里施、哈恩等人发现并证明了原子核的裂变现象之后，就引起了苏联物理学家伊戈尔·瓦西里耶维奇·库尔恰托夫等人的注意。

1939 年，库尔恰托夫发布了链式核反应的研究成果，他觉得核裂变可以产生巨大的能量，将对世界的发展以及毁灭都起到难以估量的作用。

1940 年以后，在物理学家弗廖罗夫、鲁西诺夫、泽尔多维奇、哈里顿、彼得沙克以及库尔恰托夫的努力下，苏联的核研究取得了一定的进展。

然而，苏德战争的突然爆发，减缓了苏联的核研究工作。

从 1941 年年底开始，苏联情报部门就不断收到美、英、法、德等国正在积极研究核武器的情报，因而引起了苏联领导人斯大林的关注。

1943 年 4 月份，苏联政府决定在科学院系统内成立第二实验室，库尔恰托夫担任负责人。这个实验室的任务就是制造实验用反应堆，随后是制造能从天然铀矿中提炼出钚 -239 的工业用反应堆。苏联的核武器研制项目也从此算是正式开始了。

但是，直到二战结束，苏联的原子弹研制计划始终没有取得实质性的进展。美国投向日本的两枚原子弹对苏联的震动很大。于是，苏联成立了专门部门，企图以此来提高核武器的研发进度。

1945 年底，苏联开始在莫斯科郊外的埃列克特罗斯塔利的秘密工厂里建造苏联第一座铀反应堆。

早在 1943 年，苏联就获得了关于钚的性质的详细情报，因此决定用钚作为首枚原子弹的裂变材料。同时，苏联通过各种途径得悉了美国“曼哈顿工程”的很多情况以及首枚原子弹的设计资料。

1946 年，苏联在南乌拉尔建造了一个核材料综合生产企业，其中就有一个钚生产反应堆。到 1949 年，苏联生产出了制造第一枚原子弹所需的钚。

1949 年 8 月 29 日，苏联爆炸了第一枚原子弹，从而成为了世界上第二个拥有核武器的国家。

法国早期核武器研发史

在二战爆发前，法国在核物理研究上曾经处于世界领先的地位。

当迈特纳等人发现并证实了核裂变现象后不久，约里奥•居里、哈尔班以及柯伐斯基等人就已经通过测量裂变中子产额，得出结论：链式反应是可以实现的。

1970年，法国开始在波利尼西亚的穆鲁罗阿（Mururoa）环礁进行核爆炸试验。

1939年以后，法国科学家在实验室里实现了次临界链式裂变反应，并估计如果采用重水等用做中子慢化剂，就能用天然铀实现超临界链式反应。

在不断努力之下，法国科学家曾一度弄到了当时世界上贮存的差不多所有的重水。法国被德国占领之后，一些法国科学家被迫流亡到了英国。

二战结束之后，法国并没有急于研发核武器，而是将研究的重点放在了核能的和平利用上。同时，美国也向法国提供“核保护伞”。

但是到了20世纪50年代，法国在越南奠边府遭遇大败，在侵埃战争中又遭到苏联的核威胁，这些事件使得法国决意研发核武器，并寻找合适的核武器试验场。

最终在1960年2月13日，法国在阿尔及利亚撒哈拉沙漠中的核试验场成功爆炸了首枚原子弹。

5 核武器的发展趋势
——更加灵活、实用、精准

核武器问世以后，它所具有的强大的军事意义以及政治意义便渐渐显露出来。自从美国首先研制出核武器之后，苏、英、法、中等国也先后爆炸了自己的原子弹。

实际上，英、法、中等国虽然先后进行了多次原子弹、氢弹的核试验，但基于种种限制，始终保持的是有限的并具有一定反击能力的核力量。而在核武器发展史上影响深远的则是美苏两国冷战期间剑拔弩张的核竞赛。

20 世纪 50 年代，美苏两国进行了频繁的核试验，它们相继研发成功了氢弹、洲际导弹以及战术核武器。60 年代，两个超级大国开始研发第二代核武器，积极建立由陆基、海基、空基组成的三位一体的战略核力量。到了 70 年代，美苏重点发展核武器的小型化技术和分弹头分导技术。在 80 年代，双方则将核竞赛扩展到了地球的外层空间。

东西方冷战结束以后，国际战略格局发生了深刻的变化，世界正从两极格局向多极化方向发展。因此，核武器的发展也进入了一个崭新的时期。

一方面，世界一些主要核强国销毁或者封存了大部分的战术核武器，按照“足够”、“合理”的原则保持核威慑的规模与实力，削减了过于饱和的战略核武器。另一方面，世界上的主要核国家积极调整本国的核战略和核武器发展计划，提高战略核武器系统的现代化水平；通过计算机仿真模拟核试验，以此来完善和发展核技术；以和平利用核能为名，积极发展军用核技术；研制并部署新型核武器。

今后，经过人们的努力，核武器的作战性能将会得到进一步的提升。

首先，核武器将会有更高的命中精度，还具有打击硬目标的能力。例如，美国的 B-52G 战略轰炸机携带的 AGM-86 空射型核巡航导弹弹头当量有 20 万吨，其 A 型射程为 1300 千米，命中精度达到 185 米。而 C 型通过采用惯性加 GPS 复合制导技术，命中精度竟然达到了 16 米。

其次，核武器的突防能力会更强。美国的 B-52、B-1B 和 B-2 战略轰炸机的雷达反射截面分别为 100、0.75 和 0.1 平方米，被同一台雷达探测到的距离分别约为 95、28 和 17 千米。相对于 B-52 飞机，使用了隐身技术的 B-2 和 B-1B 飞机突破敌方防御网的能力是大大提高了。同样，核武器在采用隐身技术之后，其突防能力也是不容小视的。另外，利用分导式多弹头也能够有效地突破敌方的防御网。

第三，抗核加固技术使核武器的生存能力大幅度提高，令敌方的拦截更加困难。例如，俄罗斯最新型的白杨-M洲际弹道导弹就有着十分高的抗核加固技术，除非被拦截弹直接击中，否则敌方拦截弹的核爆炸效应不能使其偏离预定的攻击目标。

第四，核武器的反应将会更加灵活多样。核大国普遍为本国的战略导弹配备多种弹头，以达到不同的战略和战术目的。

例如，俄罗斯的SS-N-21导弹能够携带当量分别为1万吨和10万吨的核弹头，一种纯高爆炸药弹头，一种空爆纯杀伤破片弹头，一种高空爆炸电磁脉冲弹头以及对付战场雷达或海军雷达的反辐射寻的弹头。而美国则为其三叉戟2型潜射弹道导弹研制了非核钻地弹头，这种导弹可用来毁伤敌方深层地下指挥中心、核设施以及化学弹头贮存库。

总之，核武器在未来将朝着更加灵活，更加实用，更加精准的方向发展。

6 世界核力量的分布——美俄各领风骚

目前，国际社会认可的核国家有美国、俄罗斯、英国、法国和中国，宣布拥有核武器的国家有印度与巴基斯坦，以色列是公认的具有核武器的国家，朝鲜则自称已经拥有了核武器。在未来较长时期内，国际战略核力量大致可分为四个层次。

第一层次是美国和俄罗斯。冷战结束以后，两国虽然已经大幅削减了自身的核武库，但相对于其他国家，两国依旧是超级核大国。

到2000年，美国陆基洲际导弹包括500枚“民兵3”型和50枚“和平卫士”核导弹。海基核力量为18艘“俄亥俄”级弹道导弹核潜艇及其携带的192枚三叉戟1型核导弹和216枚三叉戟2型核导弹。空基核力量为装备的56架B-52H型战略轰炸机和16架B-2型战略轰炸机，这些战略轰炸机能够携带核炸弹和巡航导弹。目前，美国共有 7200 多枚核弹头。

而俄罗斯陆基战略核力量是由 756 枚核导弹组成的，包括 SS-18、SS-19、SS-24、SS-25、SS-27 型导弹。海基核力量由 21 艘弹道导弹核潜艇及其携带的 348 枚潜地弹道核导弹组成。空基核力量为 69 架战略轰炸机及其搭载的核武器。俄罗斯总计有 6000 多枚核弹头。此外，俄罗斯还拥有由 64 枚内大气层拦截导弹、32 枚外大气层拦截导弹组成的反弹道导弹系统以及 1000 多枚对空核导弹。

按照美俄签订《削减进攻性战略力量条约》(即《莫斯科条约》)的规定，到 2012 年美俄双方实战部署的核弹头都要降到 2200 枚以下。但即便是这样，他们占世界核弹头总数的比例依旧高达 85%。美俄两国在世界核力量版图上的强势地位，短期内是无人能撼动的。

第二层次为英国、法国与中国。这三国都是国际社会认可的有核国家，他们都有着一定的经济、科技实力与资源。在世界战略核力量格局中，他们的实力虽不及美俄，但显然在其他国家之上。

到 2000 年，英国的战略核力量为 48 枚三叉戟 2 型潜地弹道导弹以及携带该导弹的 3 艘新型“前卫”级弹道导弹核潜艇，共拥有 200 枚左右的核弹头。

法国的战略核力量是由弹道导弹核潜艇及其携带的潜地弹道导弹和机载核武器组成的，共有 464 枚核弹头。其中，64 枚潜地弹道导弹共有 384 枚核弹头，机载核武器共有 80 枚核弹头。

英法两国因为国家面积狭小，如果发展陆基核力量，就缺少隐蔽与机动空间，因此两国集中全力发展战略核潜艇，依靠水下机动的核导弹对他国造成核威慑。

第三层次为印度、巴基斯坦与以色列。这三个国家的核地位虽然没有得到国际社会的认可，但显然都跨越了核门槛，成为了有核国家，其地位也在不断巩固。

印度于 1974 年进行了第一次核试验，1998 年又接连进行了 5 次核试验。

目前，印度核武库的规模和结构没有一个准确的数字。根据美国政府的估计，印度现有 20—30 枚核武器。而且，它的库存正在不断增加。目前，印度除了拥有陆基与空基的核力量以外，还在积极发展海基核力量。

巴基斯坦在 1998 年也针对印度进行了 6 次核试验。它的核武器数量和类型同样不为外界所知。有人推测，巴基斯坦目前已经拥有 24—48 件核武器。未来，巴基斯坦将大幅度增强其核力量，并计划部署与印度核计划匹敌的陆、海、空三位一体的核力量。

对于以色列目前核武库的规模，虽然各方都有不同的看法，但普遍认为以色列早已掌握了核武器技术，并具备了海、陆、空三位一体的核打击能力。

第四层次有日本、朝鲜、伊朗、意大利、德国等十多个国家。这些国家核研发的情况各不相同，有的只是拟订了核武器发展计划，有的正在积极建设核设施，有的则已具备了研制核武器的各项条件，有能力跨过核门槛。

纵观当今世界核力量的分布及其发展状况，我们不难得出一些结论：

首先，虽然世界上弃核、防核的呼声不断高涨，然而“核俱乐部”仍然存在着扩大的趋势。

其次，很多有核国家都在扩充自己的核武库，并在不断完善与发展。

再次，美俄在核力量上的优势地位，在未来的一定时间里将继续保持。

上篇
核武风云

第二章
『小男孩』降临日本——二战从此成为过往云烟

在硫黄岛与冲绳岛，美军付出了惨重的伤亡代价才取得胜利。当日本军国主义分子狂妄地叫嚣本土决战之时，美国人不愿再去牺牲年轻军人的生命了。于是，代号为“小男孩”与“胖子”的原子弹分别被投向了日本的广岛和长崎，十几万名无辜的民众因此成为核战争的直接受害者。原子弹虽然缩短了二战的进程，但是也给日本人民带来了无尽的灾难。

1 曼哈顿工程
——规模空前的武器制造计划

1939年，纳粹德国就开始了核武器的研制计划。这时，丹麦著名的物理学家玻尔通过两个从德国逃亡出来的科学家得知德国已经开始研制原子弹了。

于是，玻尔就来到美国告诉了著名的美籍意大利物理学家费米和美籍匈牙利核物理学家利奥·西拉德等人。费米是为了躲避意大利墨索里尼政府的迫害才来到美国的。早在1938年，费米就通过原子分裂试验证明了链式反应的可能性。

当时，西拉德也正在美国流亡，他意识到了核裂变释放的巨大能量可能会产生的重大的军事意义。而且，他还听说德国在侵占捷克斯洛伐克后，就开始禁止这个地区向其他国家出口铀矿。这就使西拉德认为德国人的核研制计划正在快速地推进。

这些科学家深知核武器潜在的巨大威力，出于历史的责任感，他们开始积极奔走，呼吁美国政府尽快开始研制原子弹的工作。然而，美国军方对所谓的原子弹则是"嗤之以鼻"，没有多少兴趣。

为了增加说服力，他们决定推举饮誉全球的物理学泰斗阿尔伯特·爱因斯坦为代表，希望爱因斯坦能够利用自己的影响力直接去说服美国总统罗斯福开展原子弹的研究工作。

实际上，爱因斯坦当时也在积极关注着核物理学的发展，因此在西拉德、魏格纳、爱德华·泰勒等人的劝说下，欣然答应了他们的请求。1939年8月，他在西拉德等人代为起草的信上签上了自己的名字。很快，这封信就被送往美国总统办公室。

罗斯福总统看到来信后，起初并不十分重视。他只是指示有关部门成立了一个铀委员会，用以进行原子弹研究的前期理论工作。后来，这个委员会成为了由布什领导的科学研究发展办公室的一个分部，称为 S-1 铀委员会。

与此同时，物理学家、回旋加速器的发明人托马斯 • 劳伦斯通过实验，发现了钚 -239 的存在。后来，他在美国核研究史上首次提出了原子弹的构造模型。

铀委员会当时的研究工作，主要是寻找从铀 -238 中分离出铀 -235 的物理方法，以及将铀 -238 转变成一种能高度裂变的新元素钚。

1941 年 12 月 6 日，美国政府正式通过决议，确立了研发核武器的机构，地址位于新墨西哥州。在华盛顿召开的会议上，确定了研制原子弹各项工程的负责人。

其中，化学家尤利负责铀同位素气体分离的研究，物理学家劳伦斯负责铀的电解分离，默弗里负责所有与研究和生产有关的工程计划问题，发现康普顿效应的物理学家康普顿负责反应堆的研制、钚的分离和快中子以及原子弹本身的理论研究。

12 月 7 日，日军航母编队偷袭了美军海军基地珍珠港，由此，太平洋战争正式爆发，美国的核武器研究计划也不得不加速进行。

早在当年 3 月份，在科学家们的努力下，第一批超微量的钚 -239 就已经提取出来了。同时，科学家通过理论与实践证明了铀 -235 能够通过离心、扩散和电磁过程来分离，而钚可通过铀—石墨堆或者铀—重水堆来获得，并且以上五种方法均能够成功。

1942 年 6 月，通过不懈的研究与实验，科学家终于得出了结论：制造一种能够用于实战的核武器是可能的。

到 1942 年 9 月，“曼哈顿工程”已从纯理论研究发展为初步的生产工程。

根据美国政府的要求，“曼哈顿工程”确立了两项原则。其一是要制造出可以进行实战的原子弹，其二便是要在德国人之前制造出原子弹。为实现此目的，多项工作共同进行，比如，美国科学家运用三种方法同时进行铀-235的分离实验。

随着美国经济逐渐转入战争状态，铀委员会的许多计划得不到优先的发展。而此项工程的负责人参谋长联席会议主席马歇尔上校较为循规蹈矩，与科学家们无法展开有效的合作，因此，在布什的提议下，核武研制计划被全部纳入了军队的领导之下，曾经负责建造美国国防部五角大楼的莱斯利·格罗夫斯准将就任核武器研制工程区司令，由于马歇尔上校的办公室设在纽约，所以格罗夫斯就把整个核武器研制计划命名为“曼哈顿工程”。

为了进一步推进研究核武器的工作，美国还在本土建立起了三个核武器秘密研发基地。

第一个就是位于田纳西州诺克斯维尔市东北克林顿镇的生产铀-235的工厂，它被称为“克林顿工程局”，代号“橡树岭”。这里主要用来分离铀同位素，原料主要是来自比利时的殖民地刚果的钒酸钾铀矿石。

第二个位于华盛顿州的汉福德。钚是核反应的另一个优良原材料，它的生产设备叫反应堆。美国人在这里建立了四个生产钚的反应堆。其中，一个备用，另外三个不停地生产钚。

美军方官员和相关科学家在新墨西哥州核试验现场

第三个是位于新墨西哥州沙漠中的洛斯—阿拉莫斯实验室。这里不但要承担原子弹的总装任务，还要负责原子弹

普平物理实验室，“曼哈顿工程”的早期核实验就在这里进行。

的研制工作，可谓是整个“曼哈顿工程”中最重要的部门。负责人正是美国著名理论物理学家、美国的“原子弹之父”——奥本海默。由于在洛斯—阿拉莫斯实验室工作的大多数科学家反对将实验室军事化，因而加州大学便成了这个实验室名义上的管理单位以及合同保证单位，而基地的军队则主要负责实验室建设、后勤供应以及安全保障方面的工作。奥本海默利用自己的威望、组织领导才能以及人格魅力，保证了核武器研发工作的顺利进行。

还有一个重要的实验室是由费米等人领导的原子反应堆。他们在芝加哥大学里建起了世界上第一座可控原子核链式裂变反应堆。这个反应堆主要是通过实验论证链式反应的理论，并为原子弹的制造提供了可靠的理论基础。

1942 年 12 月，当着全体“曼哈顿工程”科学家的面，费米成功地进行了裂变反应的实验。这标志着人类从此可以随意控制裂变，这也意味着美国已经具备了制造原子弹的能力。

在“曼哈顿工程”管理区内，来自世界各地的科学家数量之多简直是难以想象。在一些部门，拥有博士头衔的人甚至比一般工作人员还要多，其中有很多人是诺贝尔奖得主。

在研制核武器的巅峰时期，整个工程曾动用了 50 多万人，总耗资高达 25 亿美圆。这可谓是一项规模空前的武器制造计划。但在为整个工程工作的十多万人当中，只有 12 个人知道全部的计划。

在“曼哈顿工程”中，还有一位来自中国的参与者，她就是年轻的中国女科学家吴健雄。吴健雄曾留学美国，奥本海默就是她的老师。从1944年3月开始，吴健雄通过奥本海默的大力推荐，获准参加了“曼哈顿工程”。在整个核武器研制当中，她发挥了非常大的作用。吴健雄在美国率先实现了原子核的分裂反应，这个很重要的物理试验就是把过去的原子弹爆炸核裂变反应这样一个理论变成一个试验来验证。

到1945年初，科学家们通过夜以继日的研究，终于完成了以铀-235做原料的原子弹和以钚-239做原料的原子弹的各项制造与实验工作，而且各项指标都令人满意。为了测试原子弹的性能，当年3月美国就开始积极准备进行代号为“三一”的钚原子弹试验计划。

此时，欧洲战场已经接近尾声，纳粹德国覆亡在即。美国人曾经打算利用原子弹对付德国，现在显然是不需要了。而在亚洲，盟军对日战争还在继续，日本法西斯仍然在垂死挣扎，不断叫嚣“本土决战”，盟军的伤亡也在不断增加。于是，美国将结束战争的希望寄予在了通过“曼哈顿工程”研制出来的原子弹身上。

2 美军喋血硫黄、冲绳
——该使用原子弹了

硫黄岛位于日本小笠原诸岛西南部，是该群岛的第二大岛。岛长约8000米，宽约4000米，形状很像是一只火腿，面积约有20平方千米。该岛北距日本东京1200余千米，南距塞班岛1100余千米，东南距北马里亚纳群岛有500余千米。不难看出，其战略地位是十分重要的。

到了太平洋战争后期，日本在失去了制海权和制空权并节节败退的情况下，硫黄岛就成为了防止美军空袭日本本土的重要防线之一。

1944年7月，美军虽然攻占了北马里亚纳群岛，并在那里建立了空军基地。但是从这里起飞用以轰炸日本本土的B-29重型轰炸机由于航程过长，不仅载弹量少，难以得到空军战斗机的有效护航，而且只能在8000—9000米的高度对目标进行轰炸，所以并没有取得预期的效果。

但是，如果美军攻占了硫黄岛，就可以改变诸多不利的态势。于是，美军太平洋舰队从当年10月就开始为进攻硫黄岛积极作军事准备。

此时，日军也开始不断加强该岛的守备力量。到1945年2月份，日军在岛上的军事力量猛增到2.3万人，飞机约有30架，由栗林忠道统一指挥。

栗林忠道是一名职业军人，他意识到已方没有海空力量的支援，明显处于不利的态势。于是，他以折钵山和元山为主要防御阵地，在滩头以及纵深设置了严密的火力网以及坚固的防御工事，从而使得硫黄岛成为了一个坚固的要塞。

从1944年8月起，美军就开始对硫黄岛进行空袭。到1945年初，美军又开始利用轰炸机和舰炮对该岛不停地进行火力打击。

1945年2月19日，在大量的战列舰、巡洋舰、驱逐舰舰炮以及航空母舰舰载机的掩护下，美军海军陆战第四师和第五师分乘130艘登陆艇开始抢滩登陆。

起初，美军只是遇到了极其轻微的抵抗，但很快就在日军的永备发射点、坑道、地堡和岩洞工事组成的阵地前惨遭重创。日军在岛上修筑的数以千计的火力点，让美军吃尽了苦头。在以后的激战中，美军每前进一步，都要付出巨大的人员伤亡代价。

直到3月1日，美军才攻下岛上的2号机场以及元山地区。3月11日，日军被压缩到岛屿北端以及东北部的狭小地区。3月16日，美军宣布占领硫黄岛，但这时栗林忠道指挥的日军残部依然在顽强抵抗。3月26日，栗林忠道率领残余的350名日军向美军发动了最后一次进攻，但是很快就被美军歼灭。负伤后的栗林忠道切腹自杀。硫黄岛战役至此结束。

整个硫黄岛战役持续了一个月。尽管美军在军事力量方面占据着绝对的优势，但是仍然付出了将近3万人伤亡的代价才夺取硫黄岛。此外，美军还损失了60多架飞机、300多辆坦克以及部分军舰。

从整体上看，美军通过这场战役获得了战略方面的胜利。一方面，美军获得了攻击日本本土的重要基地，但另一方面，此次战役也让美国人意识到攻占日本本土必将会付出更加惨重的伤亡代价。

硫黄岛战役结束之后，美军将下一个作战目标选定为日本的冲绳岛。因为只要占领了该岛，美国人就可建立起进攻日本的前进基地。

冲绳岛是琉球群岛中最大的岛屿，战略地位极其重要。该岛是日本在东海的天然屏障，被誉为日本的“国门”，而且那里还有日本在西南方向重要的海空基地，在日本军方制定的本土防御体系中占据着极其重要的战略地位。

为了保住日本的“国门”，日军在岛上组织了由10余万人组成的守岛部队，陆军中将牛岛满负责统一指挥。

牛岛满在岛上精心构筑了3道防线，每道防线又都依靠有利地形形成了多层次的坚固防御阵地。此外，日军还组织了一部分军舰和航空兵担负抗登陆支援与掩护的任务。

而美军为了夺取冲绳岛，也组织了强大的海陆空兵力，参战总兵力高达45万人，舰艇有1500余艘，飞机超过了2500架。第5舰队司令斯普鲁恩斯海军上将担任此次战役的总指挥，陆军中将巴克纳担任地面作战指挥官。

在正式登陆开始前，美军首先对日本本土、琉球群岛以及中国台湾等地的日军航空基地进行了大规模的空袭。同时，美军还在下关海峡布下了大量的水雷。这些措施都阻滞了日军海空军对冲绳岛的增援活动，也有效地支援了美军即将发动的冲绳岛战役。

1945年4月1日，美军开始正式展开攻击冲绳岛的战斗。美军陆战第1、第6师以及步兵第7、第96师在数千米宽的地段抢滩登陆。当天，就有6万军人及大批坦克、火炮顺利登上陆地，建立了纵深有五千米的登陆场。

4 月 4 日，美军攻取冲绳中部地区，从而将该岛日军一分为二，接下来美军开始逐渐向南和向北扩大战果。4 月 6 日以后，日军出动部分残余的海军舰艇以及航空兵支援冲绳守军，但取得的战果有限，基本上没有起到实质性的作用。而象征着日本民族之魂的“大和”号战列舰也在美军飞机的狂轰滥炸下沉没了。

4 月 21 日，美军基本上占领了冲绳岛的北部地区，向南进攻的部队则遭遇了日军的顽强抗击，进展缓慢。进入 5 月份以后，日军虽然组织了一次强有力的反击，但最终损失惨重，不得不收缩防线。

到 5 月底，美军突破日军在南部的重要防线，很快就占领了冲绳首府首里城。但是，冲绳岛战役远没有结束，牛岛满率领日军余部退守到岛南端最后的防线坚守。直到 6 月 22 日，美军才攻破了日军最后的防线。次日，日军守备司令牛满中将切腹自杀。至此，冲绳岛战役基本结束。

在整个冲绳岛战役中，美军同样是拥有绝对的军事优势，但仍然付出了伤亡 7 万余人的巨大代价，陆军中将巴克纳也在前线阵亡。此外，美军还损失了 763 架飞机、372 辆坦克以及 36 艘舰艇。

蒙受了如此惨重的伤亡，美军自然是震惊不已。于是，罗斯福总统批准了空军提出的“无限制轰炸”的建议。从此，携带燃烧弹的美军 B-29 轰炸机成群结队地飞临日本各个城市的上空，不再区分军用和民用目标，全部加以轰炸，企图消灭日本人的抵抗意志。

到了 1945 年 7 月份，日本用以支撑战争和生存的根基已经在美军持续不断的轰炸中遭到了毁灭性的破坏。

然而即便如此，日本狂热的军国主义分子仍在不断叫嚣本土决战。同时，日军通过多次战争动员，使得日军总人数达到 720 多万人，还有 2800 万国民义勇战斗队组成人员。其飞机达到了 7000 架，作战舰只有 500 艘，海上特攻舟艇超过了 3000 只。

为了彻底击败日本法西斯，盟军在太平洋、印度洋以及东南亚地区也集结了240万官兵，2.6万架飞机，29艘战列舰，87艘航空母舰，71艘巡洋舰，256艘驱逐舰，200多艘潜艇以及近1000艘登陆船组成的船队。

另外，美军还制订了进攻日本本土的军事计划：利用海空力量对日本进行封锁和轰炸；呼吁苏联对日开战，进攻日本在中国东北的关东军；1945年11月1日，进攻日本九州，1946年春攻击本州，尽量在1946年秋结束对日作战。该计划动用的兵力将高达500万人。

盟军此时虽然已经完全掌握了战争的主动权，但硫黄岛与冲绳岛战役使美国人认识到想要取得战争的胜利，不是短期内就可以实现的，必然是以惨烈的人员伤亡和大量的军事装备的损失为代价。美国军方估计在日本本土的军事作战行动，伤亡将会在50到100万人之间。

在这一问题上，以美国副国务卿格鲁为代表的官员建议以政治手段解决日本投降问题，美国军方主张通过封锁和常规轰炸来结束战争，而陆军部长史汀生以及部长助理麦克洛伊则认为想要尽快结束战争，还有一个更好的选择，那就是使用刚刚研制成功的武器——原子弹。

3 广岛上空的“小男孩”——人类第一枚实战原子弹

当日本军国主义分子妄想进行本土决战的时候，美国的“曼哈顿工程”终于结出了硕果。

1945年7月，以奥本海默为首的科学家经过不懈的努力，终于制造出了三枚原子弹，它们分别叫“小男孩”、“胖子”和“大男孩”。

7月16日，美国在新墨西哥州的阿拉莫戈多沙漠进行了代号为“三一”的核试验。在此次试验中，内爆式原子弹“大男孩”被引爆，这枚以钚做裂变材料的原子弹产生了相当于 2 万吨 TNT 当量的威力。核试验取得了圆满的成功，这也是人类历史上首次进行的核试验。面对核爆炸产生的巨大破坏力，奥本海默想起了印度古诗中的名句，表达了自己当时的所思所想 :“如果一千个太阳在天空一起放光，人类就会灭亡，我似乎成为死神，成为世界万物的毁灭者！”

原子弹试爆成功以后，美国陆军部长史汀生立即赶赴柏林近郊的波茨坦，他当面向正在参加最后一次盟国首脑会议的杜鲁门总统汇报了原子弹爆炸的详细情况。杜鲁门知道实情后，自然是欣喜万分。

1945 年 7 月 26 日，在波茨坦会议上，苏、美、英三国政府通过了《波茨坦公告》，公告要求日本的所有武装部队立即无条件投降。但是，日本政府对此始终是无动于衷。这使美国政府认识到想让日本政府接受《波茨坦公告》，想要尽快结束战争，已经别无选择，只能使用原子弹了。实际上，对于是否使用原子弹，美国政府和军方高层人员都有着不同的看法。

海军上将莱希以及驻欧洲盟军总司令艾森豪威尔等人认为，美军仅依靠常规武器就能结束战争，投掷原子弹完全没有必要。美国陆军参谋长马歇尔将军虽然也认为应该尽量不使用原子弹，但是目前残酷的战争现实又使他觉得使用原子弹可以尽量减少美军的伤亡并促使日本人尽快投降。美国西南太平洋战区盟军总司令麦克阿瑟将军则极力主张使用原子弹，狠狠教训一下日本人。拥有最终决定权的美国总统杜鲁门是支持使用原子弹的，他把原子弹看做了结束战争的有效手段。

事实上，早在 7 月中旬，美国重巡洋舰“印第安纳波利斯”号就十分秘密地驶离了旧金山猎人角海军基地，目的地是关岛附近的提尼安岛，在舰上还载着一个神秘的“货物”，它就是刚刚研制出来的原子弹——“小男孩”。

7 月 26 日，“印第安纳波利斯”号安全抵达提尼安岛，完成了“货物”的运输重任。但是这艘军舰很不幸，几天后就在菲律宾海域被一艘来自日本广岛吴港基地的潜艇击沉，致使 1600 多人丧失了生命。不过值得欣慰的是，他们

“小男孩”长3米、重约4.1吨、搭载64千克铀

负责运送的“货物”在几天之后也让广岛陷入了灾难之中。

在美国总统杜鲁门批准了使用原子弹攻击日本的作战计划后，美国陆军立即下达了作战命令，将攻击的目标选定为广岛、小仓和长崎。到底是攻击哪个城市，要根据当时的天气状况来决定。原本日本的京都也是原子弹的轰炸目标之一。但是，陆军部长史汀生极力反对轰炸京都，因为在他看来，京都是日本的文化圣地，如果原子弹炸毁了京都，那么美国就永远不会得到日本人的原谅。为此，美国政府经过多次协商，才删去了京都。

7月28日，日本政府正式拒绝接受《波茨坦公告》，叫嚣要把战争进行到底。

8月5日，杜鲁门在乘坐“奥古斯塔”号巡洋舰回国的途中发出了攻击的指令。这次攻击由特别组建的509混合大队大队长蒂贝茨及其机组成员驾驶B-29型轰炸机“埃诺拉·盖伊”号来完成。

8月6日凌晨2点45分，携带着原子弹的“埃诺拉·盖伊”号顺利升空，随行还有两架同型号的飞机，它们主要是用来测试此次核爆炸的当量、范围以及进行摄像工作的。

三架飞机在硫黄岛加油后，便直飞日本本土。起飞15分钟后，蒂贝茨机组成员帕森斯和他的助手杰普森开始对原子弹进行最后的装配工作，用时15分钟。到6时30分，杰普森换下了炸弹的保险插头，接通电路，如此原子弹就处在最佳的待爆状态了。

很快，美军先期抵达的气象飞机发来报告：广岛上空天气良好，而且没有日本飞机的拦截，高炮火力也很微弱。于是，蒂贝茨将广岛选为了投弹目标。

广岛位于日本的本州岛，城市建于1589年。它是日本的第八大城市，当时有30多万人口。从甲午战争到第二次世界大战，这里一直是日军的主要供给与后勤基地，也是兵力集结和发兵之地。

另外，广岛铁路交通便利，又是重要的出海港口，陆军运输部、工兵作业场以及当时日本最重要的军工企业三菱重工都在这个城市里。作为日本海军和陆军的重要基地，广岛还驻扎有2万多军队。这些部队在侵华战争中就曾入侵过中国的山东和河南。

8时14分17秒，蒂贝茨在“埃诺拉·盖伊”号上将核弹弹着点指向了广岛相声桥的中心。8时15分17秒，炸弹舱门自动打开，4吨多的“小男孩”拖着降落伞从万米高空稳稳地掉了下去。然后，蒂贝茨马上驾机做了一个150度的俯冲急转弯，快速驶离即将爆炸的区域，因为“小男孩”再有45秒钟就要爆炸了。

很快，天空中强光一闪，“小男孩”爆炸了。它先是燃起一团火球，然后急剧扩散，同时还发出浓烟。接下来，一道火柱从火球中升起，升到3000米的高空后，在其顶端就形成了一团硕大的蘑菇云。蘑菇云上下翻滚着，几秒钟以后又迅速上升，一直到更高的同温层。

原子弹爆炸后，广岛变成一片废墟。

蒂贝茨驾机直到离广岛有580千米远的地方，才彻底看不到那朵蘑菇云。下午2时58分，机组成员均安全返回基地。

而此时此刻，广岛则完全处于地狱魔鬼的虐杀当中。

原子弹落下后，偏离了预定的弹着点，在广岛市中心岛川医院上空约570米处爆炸。在使人失明的强光发生之后，就是惊天动地的巨响，快速向四周传播的热辐射，以及到处弥漫的放射性灰尘。岩石化为灰烬，建筑物或者崩塌，或者被大火吞噬，全城笼罩在浓烟、大火以及放射性沾染之中。大量的人员被烧焦，变得面目全非，就连日本第二陆军总司令藤井也被烧死在自己的司令部里。日军在广岛的整个指挥通讯系统也全都失灵或者无法使用。

战后根据人们的统计，这枚有1.7万吨TNT当量的核弹将广岛市中心夷为平地，毁坏了绝大部分建筑物，当日就有7.8万人死亡，超过5万人受伤或者失踪。而根据美军后来的统计，罹难者高达17万，其中死亡和失踪的有9万多人，受伤者有3.6万人。但是，有人认为广岛的伤亡数字远不止这些，因为有些人不会当场死亡，但在核辐射的影响下，可能会在几周、几月、几年，甚至几十年之后才会慢慢死去。1985年，根据广岛有关部门的统计，在广岛遭受原子弹直接和间接侵害的人员已经接近50万人。

总之，这枚原子弹爆炸过程不到5分钟，但却让广岛的人民因此而陷入到了空前的灾难之中，同时也在世界战争史上宣告了一个新的时代的到来。

4 “胖子”来到了长崎
——人间地狱再一次出现

广岛遭受了原子弹袭击后，与外界的联系几乎完全中断。1945年8月7日，美国总统杜鲁门发表声明，称美军轰炸机在日本广岛投放了一颗原子弹。

起初，日本政府是不相信的。后来，在日本著名的核物理学家仁科芳雄等人调查之后，日本人才相信此事。为了避免引发不利的影响，日本政府封锁了原子弹袭击日本的消息。

同时，美国为了促使日本尽快投降，于是开动宣传机器，大肆报道原子弹的威力，并要求日本人民敦促天皇结束正在进行的战争。

此时，日本政府对于是战是和也是一直争论不休。首相铃木和外相东乡倾向于停战，而陆相阿南和军部却一意反对接受《波茨坦公告》。有的军方人士还召集仁科芳雄等科学家们说：“一旦美军登陆，日本军民将不惜任何代价坚持六个月。假如你们能在这期间研制出原子弹，我们就可以把美军赶下大海。”

但是，仁科芳雄无奈地说，就是用六年的时间，日本也研制不出原子弹来，因为此时日本既无铀，又没电，已经没有研制原子弹所需的资源与力量了。

原来，早在太平洋战争爆发前，日本就已经开始了对相关核问题的研究工作。为此，日本还成立了一个专门委员会，用以开展原子弹的研发工作，其成员就包括当时日本一流的物理学家嵯峨野良吉、荒胜文策、菊田正四以及仁科芳雄等人。在得到了首相东条英机的大力支持后，日本研发核武器的“仁方案”就此展开。

但是，这个核武器研制计划受到了诸多不利条件的制约，一直到战争末期都没有取得多少实质性的进展。后来，日本科学家虽然在分离铀-235的实验中呈现了成功的迹象，但急剧恶化的战况已经让“仁方案”的实现变得越来越渺茫了。1945年4月13日，“仁方案”实验室和铀同位素分离器所在的大楼被盟军飞机炸毁。虽然日本核研究在京都大学的实验室继续展开，但实际上已经是难以为继。而广岛遭受美军原子弹的轰炸之后，“仁方案”其实已经没有任何实现的可能了。

此时，日本人对于投降还是继续战争，还在犹豫不决。美国于是决定使用代号为“胖子”的原子弹对日本的城市再进行一次核打击，以此来让日本尽快投降。

于是，杜鲁门向美军发出了第二道命令："除非有特别指示，否则按原计划进行。"接到攻击指令之后，美军选中的第一目标是小仓，第二目标是长崎。

"胖子"是一枚内爆式钚弹。它采取的是由气压、雷达、定时与起爆炸药的爆炸冲击四个不同引信组成的引爆系统。B-29 轰炸机搭载着已经处于引爆状态的原子弹，一旦在起飞时发生意外，核爆炸就能将包括 B-29 在内的提尼安岛的所有东西都摧毁。因而，这枚核弹是不能像"小男孩"那样在空中进行组装的。

为了保证原子弹的安全性，美军于 8 月 8 日特意进行了模拟投弹演习。轰炸机搭载着一枚与"胖子"同样重量的常规炸弹起飞，然后按着原子弹的轰炸程序，在提尼安岛外海将其投下。最终，模拟弹按预定弹道在 600 米高度爆炸，演习取得了圆满的成功。

8 月 9 日凌晨 3 时 48 分，位于提尼安岛 509 混合大队的 B-29 轰炸机群再次升空。同上次一样，两架飞机进行气象侦察和摄影观测，一架 B-29 型轰炸机"鲍克斯卡"号作为原子弹载机搭载着"胖子"进行投放任务。

原子弹载机的驾驶员是查理士·斯威尼少校，轰炸员是克米特·比汉上尉，军械师为阿西沃斯海军中校，电子测试员是菲利普·也恩斯中尉。

在整个飞行过程中，"鲍克斯卡"号是麻烦不断。先是驾驶员斯威尼少校发现飞机的燃料泵出现了问题，油料箱中的部分汽油输不到发动机里面，这样的话，飞机所需的燃料仅勉强够用。为了节约汽油，这三架 B-29 型轰炸机没有经过硫黄岛，而是直接飞向日本。在第一目标小仓上空，布满了厚厚的云层，轰炸员难以看到下面的情况。同时，地面高射炮也相当猛烈，驾驶员不得不提升飞行高度，以躲避炮火。后来又收到报告说，日本战斗机可能会升空进行拦截。于是，斯威尼少校便掉转机头，决定将轰炸目标改为长崎。

长崎位于日本九州岛西岸，1571 年开港。自古以来，这里就是日本一个重要的港口。战争期间，长崎是日本的大型工业和海运中心。

10 时 28 分，斯威尼驾机到达长崎上空，这时长崎的上空也像小仓一样，云层已经增加了不少。飞机首次进入长崎上空，无法进行目视轰炸。由于燃料消耗极大，驾驶员斯威尼决定改用雷达引导进行原子弹轰炸任务。因为不管出现什么情况，原子弹是必须要投下去的。

10 时 58 分，就在比汉准备使用雷达瞄准器的时候，忽然发现长崎上空的云层里出现了一个大缝隙，飞机上的瞄准点能够清晰地看到三菱重工的长崎兵工厂了。于是，B-29 型轰炸机的轰炸员开始进行目视轰炸。

11 时 02 分，“胖子”从 8850 米的高空脱离 B-29 型轰炸机的弹舱，然后缓缓地坠向长崎。斯威尼驾机快速驶离了现场，此时距离冲绳岛还有 560 多千米，而“鲍克斯卡”号只剩下 1600 升汽油。

长崎原子弹爆炸瞬间

为了节省用油，斯威尼降低了飞行高度，将螺旋桨的转速调低。这样，这架飞机就能够飞抵冲绳机场。而在冲绳机场的降落过程中，飞机的两个发动机忽然又全部熄火。不过，好在整个降落过程有惊无险。斯威尼拼尽全力压住紧急制动闸，最终飞机在距离跑道尽头不远的地方停了下来。之后，在冲绳基地补充足够的油料后，“鲍克斯卡”号又经过 20 个小时的飞行，于当晚 10 时 25 分，带领机组成员安全返回了提尼安岛。

原子弹离开弹舱大约一分钟以后，在离地约 503 米处爆炸，弹着点偏离了原定的目标点，落在了两家大型兵工厂之间。

当时，广岛遭受核袭击之后，日本政府由于害怕人民出现恐慌情绪，并引发不利的情形，因而没有将真相告诉给国民，只是简单模糊地报道了这一事件。因此，长崎对于可能发生的核袭击没有作任何准备，长崎的防空炮火和战斗机也没有及时地加以拦截。人们对于来袭的一架轰炸机既没有放在心上，也没有进入防空洞及时地加以躲避。因此，在核爆炸的冲击下，长崎人民才会陷入到极大的痛苦与恐惧之中。这次原子弹爆炸的威力相当于 2 万吨当量的 TNT 炸药，其产生的光热辐射、高压气浪以及放射性沾染让很多人当场死去，尸横遍野，满街狼藉，城市变成了一片焦土。

但是，由于长崎地处多山的狭窄海岸，建在两河盆地之上，城中地形起伏，再加上原子弹偏离了目标，“胖子”造成的人员损伤才没有广岛的多。在小山的保护下，城市的很多建筑与人员才免于遭受更严重的伤害。

后来有人统计，原子弹爆炸引发的大火致使全城 1.4 万幢住宅被烧毁，5000 多幢被严重毁坏。当时，美军宣称在核袭击下约有 4 万人丧生或者失踪，4.3 万人受到了不同程度的伤害。而在二战结束以后，日本方面统计说长崎市约有 7.5 万人丧生，6 万人受伤。

根据 2003 年的统计数据显示，长崎市在原子弹的侵害下离世的人已经超过了 13 万，而且这个数字还会继续增加。

无论如何，此次核袭击同样造成了大量的人员伤亡与财产损失，这种恐怖的核力量让日本政府彻底认识到了核武器的巨大威力，被迫放弃了本土决战的策略，转而寻求和平地结束战争，从而避免遭受更严重的损伤。

5 日本核灾难的影响——善耶？罪耶？

美军接连在日本投放原子弹，给日本政府造成了巨大的心理震慑力。与此同时，苏联也对日宣战，百万苏联红军于 1945 年 8 月 9 日从东、西、北三个方向上，在四千多千米的战线上，越过中苏、中蒙边境，向日本关东军发动突然袭击。

苏联海军太平洋舰队也先后在朝鲜北部、千岛群岛登陆，配合陆军展开军事作战行动。在苏联红军的强大军事打击下，关东军节节败退。

这使得一直寄希望于苏联能够居中调停的日本铃木内阁震惊万分。显然，对于日本人来说，现在已经到了生死攸关的时刻，必须马上作出决定，否则只

日本代表在“密苏里”号上准备在投降书上签字

会遭受到更大的军事损失。

1945 年 8 月 9 日，日本内阁成员在皇宫地下防空洞举行了御前会议，讨论接受《波茨坦公告》，结束战争的问题。最终，日本政府同意在保留“天皇制”的条件下接受《波茨坦公告》。8 月 10 日，日本政府指示其驻瑞士公使，通过瑞士政府通知美、英、中、苏等国政府，表示如果不损害天皇作为一国元首的特权，同意接受《波茨坦公告》。

8 月 15 日，日本天皇发布停战诏书，宣布无条件投降。9 月 2 日，日本代表在美国军舰“密苏里”号上，向盟军签字投降。至此，第二次世界大战正式结束。

从实际效果来看，日本遭受的核灾难除了加速日本的投降以外，其所产生的影响还有很多方面。

第一，对于那些参与核武器研制的大部分科学家来说，日本的核灾难不但没有让他们为自己的成功而欢呼雀跃，反而是多了一些焦虑与担忧。为了尽早地结束战争，这些科学家才会坚持不懈研制这种杀人武器。现在，战争结束了，军人都解甲归田了，但原子弹并没有消失，它的恐怖力量在未来可能会给人类带来更加严重的灾难。

在实战中，原子弹发挥了令人震惊的毁伤效力。而当今只有少数国家掌握了这种武器的研制技术，因而对其他国家在无形中就形成了一种潜在的威胁。

美籍匈牙利物理学家西拉德给美国总统杜鲁门写了一份呼吁书，呼吁美国政府对原子弹的使用制定一些约束性政策，更不要以此威胁其他国家，主张禁止核试验，并认为原子能只能用于和平事业。

“原子弹之父”奥本海默在面对核武器所造成的巨大的灾难时，内心感到十分内疚与悲痛。他建议取消原子武器研究所，还反对美国首先制造威力更大的氢弹，他也担心美苏两国会展开核竞赛，因此积极投身到原子能的国际控制与和平利用的活动之中。爱因斯坦对启动美国研制原子弹的研制计划起到了非常重要的作用。在得知日本遭受的核灾难之后，他对自己当年的决定感到十分后悔。他认为原子能在可见的将来不会是一种福音，而是一种威胁。因此，爱因斯坦积极呼吁美国政府不要把原子弹变成杀人武器，并号召所有的科学家团结起来反对核战争。

德国物理学家奥托·哈恩发现了“重核裂变反应”，当日本因为核弹袭击而遭受了巨大的人员伤亡的消息传到他这里之后，他感到十分沮丧，觉得正是因为自己的发现，才使得十几万人失去了生命。

对于那些曾经参与过原子弹投掷任务的部分机组成员来说，日本的核灾难也让他们感到十分痛苦，自己的良心也受到了深深的谴责，于是在战后纷纷以各种方式来反对核战争。

第二，对于日本的军国主义分子以及狂热的好战分子来说，原子弹可谓是清醒剂。这些人通过战争给本国人民与其他亚洲国家人民造成巨大的灾难与伤害，却始终毫无一丝悔意。如今，他们才真正体会到了战争的残酷与无情。原子弹的恐怖破坏力让他们感到了畏惧，迫使他们停止了疯狂的战争，停止了残忍的杀戮，从而让世界人民最终体会了和平与安宁。

广岛和平公园纪念碑

第三，对于战后的世界格局，日本的核灾难也引发了多米诺骨牌效应。盟国通过第二次世界大战，虽然消灭了德国与日本法西斯势力，但也催生了美苏两大超级政治和军事大国。美国的核武器在日本的引爆，让一些国家看到了新式武器的巨大威力，特别是刺激了苏联领导人的神经，使得他们也加速了研制本国的核武器的进程，核竞赛变得一发不可收拾。由此，世界的和平与安全面临着更加严峻的挑战。

第四，受核灾难影响最深的还是日本的民众。原子弹巨大的威力让广岛、长崎的社会物质与社会秩序遭受了彻底的破坏，让十多万人失去了生命。而侥幸活下来的人在光辐射和核辐射的影响下，其身心健康与发展也受到了极大的摧残，甚至这种影响还是长时期的。

第五，深重的核灾难令人们认识到了和平的重要性。作为核武器最严重的受害者，广岛和长崎人民在战后一直积极主张禁止核武器的使用。1954 年发生的比基尼氢弹爆炸事件，使两市人民反核的呼声与情绪更加高涨，进而推动了反核运动的进一步发展，禁止核武器也逐渐成为了世界上爱好和平人士的一项共识。

战后，广岛和长崎在废墟上得到了重建，广岛还成为了“和平纪念都市”。两市都兴建了“和平纪念公园”以及相关的历史博物馆，用以纪念在原子弹袭击中死伤的两市百姓，同时也是为了让人们牢记历史，不要忘记日本军国主义发动战争导致的恶果。每逢原子弹爆炸纪念日，广岛和长崎的人民都会举办一些活动来纪念当年的原子弹爆炸事件。2010 年 8 月 6 日，联合国秘书长潘基文以及美国驻日大使约翰·鲁斯出席了广岛原子弹爆炸 65 周年的纪念活动，他们为在核爆炸中的无辜遇难者默哀，这在联合国历史和美国外交史上都是绝无仅有的事件。

如今，核爆的烟云早已经散去，和平与发展也成为了世界的主题以及人类的共同愿望。但是，当今世界上还有很多国家拥有巨大的核武器库，它们就是悬在人类头上的一把利剑，随时都有可能对我们造成难以想象的核灾难。

人类想要实现无核世界，想要避免核战争的爆发，看来还有很长的路要走。

上篇 核武风云

第二章 比基尼岛——美国核武发展史的展览厅

比基尼岛原本应该有着风光旖旎的景观，应该是拥有蓝天、大海、沙滩与美女的浪漫之地，但事实上这里却是令人谈虎色变的死亡之岛。何也？原因就是这里曾经是美国的一个重要核试验基地。为了试验核武器的威力，美国人曾经在比基尼环礁上进行了数十次大规模的核试验。有的小岛被炸没了，附近动植物被摧毁了，土壤中渗进了放射性物质，自然生态遭到了严重的破坏，当地人最终看到的是一个毫无生机而言的比基尼岛。

1 比基尼岛
——美国人理想的核试验靶场

说起比基尼岛，就不得不提及马绍尔群岛。马绍尔群岛位于中太平洋地区，面积有 180 多平方千米。包括 1136 个珊瑚礁屿组成的 33 个环礁。众多的岛礁散布在中太平洋两百多万平方千米的海域上，形成了两列从西北到东南走向的链状岛群。

早在 16 世纪初，西班牙航海家就发现了马绍尔群岛。1788 年，英国船长约翰·马绍尔发现了这个群岛，从此以后这一群岛被人们称为马绍尔群岛。到了 19 世纪末，马绍尔群岛成为了德国的保护领地。一战爆发后，日本人趁机占领了该群岛。战后，日本从国际联盟那里获得了对马绍尔群岛的合法控制权。

太平洋战争爆发后，马绍尔群岛成为了日军中太平洋外围防御圈的主要岛屿，是美军进攻加罗林群岛以及马里亚纳群岛的必经之地。1944 年，美军发动了马绍尔群岛战役，最终美军以伤亡 2200 人的代价突破了日军的外围防御圈，日军伤亡和被俘的人员有 1 万余人，在马绍尔群岛的军事力量基本上是损失殆尽。

此后，马绍尔群岛内的环礁和岛屿纳入美国海军管辖之下，比基尼岛也在其中。从 1944 到 1947 年，该群岛一直处在美国的军事管制下。

1947 年，马绍尔群岛由联合国委托美国管理，成为了“美国太平洋岛屿托管地”的一个组成部分。1979 年，比基尼岛并入了后来成立的马绍尔共和国。

比基尼岛就处在马绍尔群岛的北端，最早是由德国探险家发现的。这个岛包括了 20 多个礁屿，在礁屿中间还有一个潟湖。潟湖长 33 千米，宽 17 千米，陆地面积 6.01 平方千米，岛上居住着一些土著居民。

1946 年，比基尼岛成为了美国大型军事科学试验的所在地，主要是用来检测原子弹爆炸后对军舰所能造成的损伤效果。

那么，美国人为什么要把比基尼岛作为一个重要的核试验场呢？

早在二战结束前夕，美国通过“曼哈顿工程”成功研制出了三枚原子弹。为了寻找到一块合适的试验场，美国人可谓是大费周折。

最后，负责选址的哈佛大学教授贝恩布里奇博士选择了距洛斯阿拉莫斯 200 多千米的一个沙漠地带进行。原子弹被引爆后，其爆炸所产生的巨大破坏力远远超过了一些科学家的估计。核爆发生之后，核爆中心 800 米内的沙粒都变成了翠绿色的玻璃，甚至 200 多千米外的玻璃窗都被震碎了。这一爆炸结果

美丽的比基尼岛

使得在场的人震惊不已，并认识到如果继续在美国本土进行核试验的话，核爆区周围的环境都将会受到严重的影响。

1945年8月，美国在广岛、长崎分别投下一颗原子弹，两个城市在原子弹的巨大破坏之下，人员、物质与社会环境遭受了极其严重的损失。整个城市变得满目疮痍，一片狼藉。这种凄惨的状况进一步加剧了美国军方对在本土进行核试验所引发的严重后果的担忧。

为了使美国本土避免核试验所带来的各种危险，也为了进行威力更大的核试验，美国人开始积极寻找那些离本土足够远并且不会引起别国注意的地方来进行核试验。很快，他们将目光转向了位于太平洋上的一些岛屿。

1946年初，美国原子能委员会经过几番讨论，最终选定了新的核武器试验地区——位于太平洋上的马绍尔群岛。在群岛的西北部有两个环礁地势开阔，而且没有多少居民，因而成为了美军的理想核试验场，其中一个岛就是比基尼岛。

从1946年到1958年，美军先后在马绍尔群岛上的埃内威塔克岛、夸贾林岛和比基尼岛以及夏威夷西南1200千米处的约翰斯顿岛、威克岛共进行了60多次原子弹以及氢弹的核爆炸。更为严重的是，美国人在这些岛上进行的核试验，引发了负面的连锁效应。

1946年美军在马绍尔群岛比基尼岛上进行核试验的准备工作

继美国之后，英法两国也竞相效仿，将核武器试验选在太平洋的许多岛屿上进行。在20世纪50年代，英国就曾在太平洋中最大的珊瑚岛——圣诞岛进行过多次核试验。法国也将核试验基地选在了波利尼西亚群岛中的土阿莫土群岛，在穆鲁罗瓦岛就爆炸了多枚原子弹。

这些国家的核试验活动使得原来平静的太平洋变成了超级武器的试验场，庞大的蘑菇云屡屡升起，当地的人们从此生活在核爆的阴影之下，岛屿及其周围的环境也急剧恶化，变得毫无生气。

不过，与核武器造成的恶劣后果相比，法国人从美军在比基尼岛的核爆炸中获得了超强的灵感，从而设计出了在世界服装历史上最有视觉冲击力的服装，这就是由背后系带的胸衣以及三角裤组成的比基尼泳衣。在某种程度上，比基尼泳衣和比基尼核爆所带给人的震撼力都是惊人的，只不过一个让人看到的是美感，另一个带给人的只有疾病、死亡和恐怖。

2 美军战后的“十字路”行动
——世界上首次水下核试验

美军在选定了新的核武器试验场之后，便积极准备新的核试验活动。这是因为，在二战正式结束前，美军虽然先后进行了三次核武器爆炸活动，积累了一定的经验，但是对于核武器在爆炸后，其对舰船的影响仍没有一个足够的认识。因此，美军需要通过进行一些核试验活动，测试海军舰船在原子弹爆炸时的耐受度，从而对海军的舰船进行相应的设计与改良。

同时，在 20 世纪 20 年代初，美军开始将大量退役的舰船加以封存管理，以备战时能够再次发挥作用，这就是所谓的“幽灵舰队”。

到二战结束以后，这些封存的军舰竟然达到了 2000 多艘。显然，它们是无用武之地了，如果想要不将其退役拆毁，还要继续进行维护的话，那么必将会耗费庞大的军费开支。而此时美军的军费遭到了大幅度的削减，多余的军事设施也在逐渐关闭。因此，美军高层决定动用部分“幽灵舰队”的舰船，将其作为即将开始的“十字路”行动计划的靶舰。此外，战争结束以后，核武器的强大威力让有些人觉得海军已经变得不再那么重要了，海军的规模可能要削减。在此情况下，美军就需要通过核试验来判断核武器对海军舰船究竟能产生多大的破坏作用。

在诸多因素的影响下，美国参谋长联席会议将核试验选在了比基尼环礁。同时，为了保证核试验的正常开展，美军还特地组织了一支超过 4 万人的核试验部队，并在贝塞斯达的实验船坞事先进行了多次模拟演练。

在“十字路”计划开始之前，美军一方面出动大批军队开进了比基尼环礁，没有通告任何原因就强令当地居民搬迁到 200 千米外的朗格里克岛，接着又将居民迁移到了距离比基尼环礁有 800 千米的基利岛。另一方面又用上百吨炸药炸掉了比基尼环礁内的珊瑚礁，目的是为参与实验的靶舰开辟航道。

在预爆的区域，美军准备了一百多艘靶舰，这里面就包括四艘过时的美国战列舰、两艘航空母舰、两艘巡洋舰、十艘驱逐舰、八艘潜艇以及大量的辅助舰艇以及两栖登陆舰艇，还有部分俘获的德国与日本舰船。在如此众多的靶舰上，美军不仅放置飞机、坦克、防毒面具和电器等军事设备，而且还放置了数目不等的牲畜、粮食与瓜果，以此来进行部分生物实验。这其中，牲畜就包括小白鼠、山羊、猪等，粮食与瓜果有面粉、肉类、蔬菜、水果、咖啡以及糖。

“十字路”行动前在珍珠港集结的幽灵舰队

当时，由于美国是世界上唯一一个拥有核武器的国家，为了向其他国家显示自己强大的军事实力，美国政府主动邀请各个同盟国派遣代表来参观核试验。后来，因为申请参观核爆的国家太多，美国军方不得不采取抽签的方式，从所有报名的国家中选出了巴西、加拿大、澳大利亚、埃及、法国、英国、墨西哥、波兰、苏联以及中国的代表参加。后来，除了巴西与加拿大没有派遣代表参加外，其他国家都派出了本国相关领域的人员参观了此次核试验活动。

当时，国民政府派出的代表是陈诚推荐的驻美陆军武官侯腾少将以及国民党中央研究院总干事、物理学家萨本栋推荐的赵忠尧教授。

侯腾少将是黄埔军校第六期毕业生，曾经在美国深造过，不仅能说流利的英语，而且长期负责谍报工作。赵忠尧教授则毕业于东南大学，曾在美国加利福尼亚州理工学院留学，回国后历任清华大学物理系教授、云南大学教授、西南联合大学教授、中国科学院高能物理研究所研究员、副所长，1946 年前往美国进行工作访问以及研究。

1946 年 6 月 12 日，侯腾与赵忠尧随同各国参观核爆的代表搭乘美国准备的专车抵达了旧金山的奥克兰港，然后乘坐“班纳特”号两栖指挥舰离开奥克兰，于 6 月 29 日抵达马绍尔群岛，然后观摩了核试验的整个进程。

“十字路”计划分为两阶段进行。第一阶段代号为 Able，试验于 1946 年 7 月 1 日进行，由一架 B-29 型轰炸机以空投原子弹的形式来进行试验。第二阶段代号为 Baker，试验则于 7 月 25 日进行，这是世界上第一次在水下进行的核试验。在这两个阶段，美军将分别用一枚当量相当于 2.3 万吨 TNT 炸药的原子弹进行核爆试验。

1946 年 7 月 1 日，美军开始进行第一阶段的核试验。凌晨 5 时，一架美军的 B-29 轰炸机携带原子弹从夸贾林岛起飞，开始执行“Able”核试验任务。到上午 8 时 59 分左右，B-29 轰炸机向预定目标投下了原子弹。过了 45 秒，这枚原子弹在靶舰“内华达”号战列舰偏向西北的上空 150 米的高度发生爆炸。

这枚原子弹虽然有些偏离目标，但是核爆区内的舰船及其他装备仍然遭受了一定程度的损害。其中有 5 艘舰船在原子弹的破坏下沉没，它们分别是前日本海军“酒匂”号轻巡洋舰、美国海军“安德森”号驱逐舰、“林森”号驱逐舰以及“卡莱尔”号和“吉列姆”号海军运输舰。另外，还有 22 艘登陆艇在核爆后搁浅，66 艘舰船受到不同程度的损伤，14 架飞机被摧毁，40 架飞机受到了不同程度的损害。

而在原子弹爆炸的中心 1000 米以内的实验生物，在核爆冲击波、核辐射以及光热辐射的影响下，有超过 50% 的实验生物发生死亡。而远离爆心 1800 多米的区域，死亡率则递减到了 5%—15%。在第一阶段实验结束后，所有接受实验的生物有 10% 在原子弹爆炸后死亡，有 15% 在后来强烈的核辐射下死去，还有 10% 死于后来的实验。7 月 25 日，美军开始进行第二阶段核试验。美军将核弹设置在水下 30 多米深处。当威力相当于 8 万枚鱼雷的原子弹发生爆炸后，距离爆心 150 米内的舰艇就像玩具一样被炸得千疮百孔。

其中，有七艘舰船沉没，它们分别是美国“萨拉托加”号航母，“阿肯色”号战列舰及前日本海军“长门”号战列舰，美军“天竺鲷”号和“舟鰤”号潜艇，LSM-60 中型登陆舰，YO-160 石油驳船以及先前搭建的混凝土码头。

LSM-60 中型登陆舰由于距离爆心最近，因而被炸得粉碎。前日本海军“长门”号战列舰是日本帝国海军长门级战列舰的 1 号舰，也是由日本自行设计的战列舰。太平洋战争爆发时，“长门”号战列舰是日本联合舰队的旗舰及联合舰队司令长官山本五十六大将的坐舰。日本投降后，“长门”号战列舰是日本海军唯一一艘还具备航行能力的战列舰，因而被当做战争赔偿移交给美军。“长门”号战列舰由于曾经参与了偷袭美国珍珠港的军事行动，因而其有重大的政治意义。因此，在第一阶段核试验中，美军特意将“长门”号放在了预定的爆心附近，本指望要将其炸沉，但由于原子弹偏离了目标，因此它才躲过了这一劫。但是，在第二阶段核试验中，“长门”号战列舰在遭受了致命的打击后，沉没在了比基尼环礁内。

同时，距离爆心 1000 多米内的其他船只都受到了不同程度的损害，甚至有的严重损坏或发生了沉没与倾覆。在这次核试验之后，那些残存的舰船陆陆续续被运往美国本土进行拆解，或者被击沉。

在这两次核试验中，还有一艘颇富传奇色彩的战舰，这就是前德国海军的“欧根亲王”号重巡洋舰，它在两次核爆之后，居然存活了下来。“欧根亲王”号重巡洋舰被人称为“不死鸟”，见证了纳粹德国的兴盛与衰败。在服役期间，它从来没有单独击沉过一艘敌方军舰。该舰虽然经历了多次险境，但却总能成功脱离险境，一直到战争结束后被英军接管。之后，根据战胜国对轴心国舰艇分割协议，“欧根亲王”号又成为了美国海军的一员。1946 年 3 月，“欧根亲王”号驶往比基尼环礁，7 月 1 日在靶场准备就绪。它在经过了空爆以及水下核试验之后，依旧顽强地生存下来。直到年底，这艘幸运的战舰在被拖往夸贾林环礁的途中倾覆在了珊瑚礁中。

经过“十字路”核试验，美军掌握了一些数据。但是，这两次核试验让幸存的舰船带上了十分强烈的辐射，比基尼环礁周围的环境也受到了核辐射的污染或者破坏，核爆区附近的生物相继死亡。另外，核爆致使大量的海水出现辐射污染，这些海水到处流动，曾经一度迫使美军船只撤离。

3 “十字路”行动中的靶舰
——“萨拉托加”号航母

在“十字路”行动中，美军的“萨拉托加”号航空母舰在原子弹的巨大破坏下沉没于比基尼环礁之内。

实际上，这艘航空母舰还有着一段不平凡的经历。早在二战爆发前，它就已经造好，是在经历了战争的“腥风血雨”之后，能够安然看到战争结束的少

第二次爆炸中沉没的“萨拉托加”号航空母舰

数几艘航母之一。

最初，美军想要将“萨拉托加”号建成为一艘战列巡洋舰，后来因为受到《华盛顿海军条约》的限制，才被改建为航空母舰的。到 1925 年，作为美国海军第一艘快速航空母舰，“萨拉托加”号正式完工并下水。

1928 年初，“萨拉托加”号航空母舰开始进行试航活动。当年 1 月 11 日，飞行员马克·米切尔（即后来升任为海军上将的美国大西洋舰队司令）驾驶一架沃特 UO-1 型飞机成功降落在“萨拉托加”号上，这成为在该航母上降落的首架飞机。2 月 21 日，“萨拉托加”号在美国加州洛杉矶的圣佩德罗被编入了太平洋舰队的战斗序列，开始了在海军的正式服役历程。

1929 年 1 月 15 日，“萨拉托加”号航空母舰在圣迭戈第一次参加了美国海军组织的演习活动。在演习中，它虽然被“击沉”了多次，但从另外一个方面也显现了航母的战术灵活性：利用航母上搭载的舰载机，实施快速的空中突袭活动，这样能够在很短的时间内取得重大战果，并有可能将不利的战局扭转过来。

此后在很长的一段时间里，该航母都是在进行日常的训练、演习或者定期的舰船维修活动。到 1938 年，“萨拉托加”号航母曾经在演习中对位于瓦胡岛的珍珠港成功发动了“空中打击”，几年后日本海军突袭珍珠港运用的也是与其相似的模式。

1941 年，“萨拉托加”号在位于布雷莫顿的美国海军船坞厂进行了现代化改装。在这次改装中，航母的飞行甲板被加长，航母右舷安装了泡形罩，此外还加装了一些防空火炮。

当年 12 月 7 日，日本海军突袭了美军在太平洋上的重要军事基地珍珠港，美军损失惨重，太平洋战争由此爆发。

1942 年初，日本潜水艇发射的鱼雷击中了航行中的“萨拉托加”号，造成 6 人死亡，航母本身只是受了轻微的损伤。“萨拉托加”号航母靠着自身的动力，成功返回了基地。之后，它便再次接受维修，还安装了现代化的防空火力。

1942 年 6 月 4 日到 5 日，美日双方在中途岛展开大规模海战，最终日军遭遇惨败。“萨拉托加”号按照计划原本要参加此次中途岛战役，但由于搭载舰载机以及集合护航舰船都需要一定的时间才能完成，所以错过了这次海战。7 月份，“萨拉托加”号被调往西南太平洋战区，并成为法兰克·弗莱彻海军中将的舰队旗舰。

在随后进行的瓜达尔卡纳尔海战中，“萨拉托加”号利用舰载机先后击沉了日军轻型航空母舰“龙骧”号，击伤了日军的水上飞机母舰“千岁”号。

1942 年 8 月底，“萨拉托加”号航母在在瓜达尔卡纳尔岛附近巡弋时，被一艘日本潜水艇发现，因此遭到了潜艇发射的鱼雷的攻击。航母右舷的泡形罩被击中，涡轮发电推进系统也受到了损伤，从而失去了动力，所幸的是没有人员伤亡。最后，在巡洋舰“明尼阿波利斯”号的拖曳下，这艘航母才得以安全返回基地。

这艘航母在经过维修之后，在努美阿附近海域部署了一年左右的时间，主要是为美军提供空中掩护，同时对驻扎在东所罗门群岛的美军提供保护与支援。

1943 年 11 月份，“萨拉托加”号航母利用舰载机摧毁了位于所罗门群岛中布卡岛的日军机场，并对拉包尔的日本海军集结地进行了多次成功的空袭。当年年底，该航母回到圣迭戈再次展开了大规模检修，并对防空火力进行进一步改装。

1944年初，“萨拉托加”号航母参加了美军发起的马绍尔群岛战役，主要是提供空中支援和空中巡逻，最终美军在连续发起的代号为“燧发枪”和“法警”的军事行动中，夺取了夸贾林、罗伊岛—那慕尔岛、埃内威塔克等环礁，从而取得了马绍尔群岛战役的胜利。

其后，“萨拉托加”号航母与几艘护航的军舰远航到了印度洋，于斯里兰卡加入了英国的远东舰队。在随后进行的军事作战中，它对日军位于东南亚的许多军事设施成功地实施了轰炸。当年9月24日，航母返回了珍珠港，它开始和“游骑兵”号航母训练夜间战斗飞行队。

1945年，由“萨拉托加”号、“企业”号等组成的航母编队来到西太平洋。在2月中旬，舰队对日本本土进行了牵制性的空袭，目的是为了支援美军即将发动的硫黄岛战役，“萨拉托加”号主要是负责舰队的空中掩护。

1945年2月21日，“萨拉托加”号航母遭到了日军航空兵的攻击。由于护航军舰不足，六架日军飞机利用低云层的掩护，攻击了这艘航空母舰。在几个小时的战斗中，先后有六枚炸弹击中了“萨拉托加”号，并将其前飞行甲板完全炸毁，右舷也炸出了两个大洞，飞机库也燃起了大火。最终，航母上有超过120名舰员阵亡或者失踪。这时，“萨拉托加”号虽然还有一定的作战能力，但为了免受更严重的损失，不得不返回美国西海岸布雷莫顿港接受修理。此后，该航母直到战争结束，未再参与任何军事行动。

在二战的整个过程中，美军向各个战场派遣了大量的武装力量。战后，为了将那些曾经在海外浴血奋战的军人运送回国，美军开展了大规模撤离美军的“魔毯行动”。

从1945年9月9日起，“萨拉托加”号航母首次从美国的夏威夷将3700多名美国军人运送回本土。到“魔毯行动”结束为止，这艘航母运回的军人总共将近3万名，这个纪录超过其他任何的船只。同时，它还保持另一项最高纪录，那就是它成为了当时飞机起降纪录最多的航空母舰。据统计，在长达17年的时间里，“萨拉托加”号总共进行了9.8万多次飞机起降任务。

战争结束以后，战时庞大的军备力量已经不再需要维持，军费也得到了大幅度的削减，而且美国海军已经有大量的航母在服役，因此，“萨拉托加”号航母显然就变成了“累赘”。于是，它成为了美军“十字路”行动靶舰中的一艘。

在此次核试验过程中，空中核爆只让它受了一定的损伤，舰体一度出现大火，但是没有沉没。而接下来进行的水下核爆却让航母遭受了致命的打击，飞行甲板塌陷，海水大量涌进舰体内部，几个小时以后，“萨拉托加”号航母最终沉入了比基尼环礁的潟湖内。

此后，人们一直没有去打捞“萨拉托加”号的残骸。直到马绍尔群岛旅游业兴起以后，当年沉船的地点成为了潜水爱好者的好去处。

4 比基尼岛上的蘑菇云
——美国第一颗实用型氢弹爆炸成功

事实上，早在 1942 年，科学家就在讨论制造氢弹的可能性。1945 年，美国通过“曼哈顿工程”率先研制出了原子弹，并投入了实战。

战后，另一个兴起的超级大国苏联也不甘落后，很快就在 1949 年爆炸了自己的首枚原子弹。美国对此大为震惊，为了取得核优势，总统杜鲁门于是决定研制威力更大的氢弹。在美籍匈牙利物理学家爱德华·泰勒的主持下，美国加快了氢弹的研制步伐。

1951 年 5 月，氢弹原理试验准备工作基本就绪。1952 年 11 月 1 日，美国在太平洋马绍尔群岛上的埃内威塔克岛爆炸了人类历史上首个氢弹试验装置，这个装置被称为“迈克”。“迈克”的爆炸威力达到了 1000 多万吨 TNT 当量，相当于爆炸在广岛的原子弹的 500 倍，它就像是一个在地球上升起的人造小太阳。这股巨大的能量将实验岛礁上的所有东西都汽化了，在爆心形成了一个50米深的巨大弹坑，核爆冲击波以及光、热辐射还将临近岛屿的动植物一扫而光。对于生活在马绍尔群岛的居民来说，这简直就是一场噩梦。

“迈克”的体积异常庞大，高6米，直径为1.8米，重达65吨，这是由于它必须在里面装有笨重的低温冷藏系统。也正是因为这个原因，它无法装载到飞机或者导弹上，没有多少实用价值。美国人因为成功试爆氢弹而再次夺取了在核竞赛上的优势地位。但是，苏联人也没有闲着。一年以后，苏联也成功爆炸了本国的第一枚氢弹。苏联的氢弹是采用锂-6和氘的化合物——氘化锂作为核燃料。因为氘化锂属于固体，不用进行冷却压缩，其有着成本低、体积小、重量轻、方便运载等优点，所以此种氢弹就被人们称为干式氢弹。而且严格来说，苏联是第一个解决了氢弹实用化问题的国家。

此时，美苏冷战的号角早已吹响。为了取得对苏的核优势，美国决定研制爆炸当量更大并具有实战部署能力的氢弹。

1954年3月1日，美国在马绍尔群岛比基尼环礁内再次进行核试验，试爆了当时世界上威力最大的核武器。这次试爆的是一枚能够用于实战、使用固体氘化锂的氢弹，科学家最初的预测是600万吨TNT当量。

1952年，美国在西太平洋马绍尔群岛西北端的埃内威塔克环礁（Eniwetok）试爆了世界上第一颗氢弹。

这枚氢弹在爆炸后，产生了极其恐怖的能量。这股能量所产生的破坏力让氢弹所在的那个小岛以及附近两座小岛就此从人们的视线中彻底消失了。同时，爆炸还产生了一个宽2000米，深80米的大深湖。人们在离爆炸区域200多千米远的地方，都能看到核爆产生的亮光。

后来，科学家估算这枚氢弹的爆炸威力高达1500万吨，是原来的估计的3倍，是美军投放在广岛的原子弹威力的1000多倍。

这枚氢弹会产生如此大的爆炸威力，这是美军在事前没有想到的，因而才造成了太平洋上最大的核污染，这就是曾经轰动一时的“比基尼事件”。

在此次核污染事件中，污染区达到了两万多平方千米，放射性污染物笼罩了整个马绍尔群岛。居住在附近岛上的居民以及在海上进行作业的各国渔船由于没有及时地撤离，所以都成为了核爆炸的受害者。

特别是在爆炸发生后，放射性污染物从天空中不断地飘散下来，附近岛上的一些孩子看到从天上掉落下多彩的灰尘，好奇之下就用手拿着玩，结果那些孩子都受到了核辐射的沾染。

后来，有人统计此次氢弹爆炸试验至少使290人遭到了核辐射的影响。在当地三个岛屿上居住的200多人中，就有数十人在以后的10年中死于肝硬化、白血病或者癌症。还有28名美国气象工作者也遭受了核辐射，当时他们就在附近的朗格里岛上。

当爆炸发生的时候，在距离爆区200多千米远的地方，一艘名为“福龙丸第五号”的日本渔船正在进行金枪鱼捕捞作业。原本，这艘渔船处在美军设定的危险水域以外，但是突然出现的火球亮光和爆炸声还是让船员们惊呆了，就在大家议论纷纷之际，放射性污染物开始到处散落。

船员们感到十分危险，因此决定返航。但是，收回渔网浪费了大量的时间。这个过程持续了有数个小时，23名船员很快就出现了恶心、腹泻等症状。

3月中旬，渔船返回日本静冈县烧津港，受到了严重放射性沾染的船员此时已经是奄奄一息，他们的皮肤已经出现水泡、头发脱落等现象。到了9月份，船上40岁的发报员久保山爱吉由于病情过于严重而离开了人世。到21世纪之初，这23名船员中已有12人死亡。

实际上，深受核辐射伤害的不仅仅是“福龙丸第五号”及其船员，当时在爆炸区域附近还有上百艘渔船也遭此厄运。而且，在核试验发生的几个月时间里，还有更多的渔船在这一海域受到了核辐射的污染。

“比基尼事件”被曝光后，日本国民震惊万分。这一事件很快就在全国引发了轰轰烈烈的反对核试验的群众性运动，日本国民呼吁世界各国政府和民众禁止原子弹和氢弹，保卫人类的生命与幸福。由于害怕日本人的反核运动可能升级为大规模的反美运动，也为了不影响美国当时正在推行的扩大核军备的政策以及日美同盟关系，美国政府急忙与日本政府进行了磋商。在日本政府保证不再追究美国政府责任的前提下，美国向那些因为核爆炸而受到伤害的日本人提供了数百万美圆的补偿才了事。

与此同时，受到核试验严重伤害的马绍尔群岛居民也向联合国派出请愿团，要求美国立即停止在该群岛所进行的核试验。但是，美国政府基于自己利益的考虑，拒绝了他们的请求。

实际上，在“比基尼事件”发生以前，世界上很多人对于军事强国进行的核试验活动还是没有意识到它的危害的。但是，此次核试验不仅污染了大面积的海域，而且还有人因此而死亡，所以才导致了人们对于核试验的警惕与担忧。1955 年，联合国大会首次将禁止核试验问题列入了议程。从此，一些国家开始了禁止核试验的一系列谈判活动。

艾森豪威尔暂停了核试验

到 1957 年，这一事件在世界范围内引发了抗议核试验的群众性活动。

1957 年 3 月 28 日，在英国伦敦召开的联合国裁军委员会会议上，美国宣布如若核查问题能够得到实质性的解决，那么美国将会考虑停止或者限制核试验。6 月 14 日，苏联政府建议停止进行两到三年的核武器试验，然后由国际组织进行监督，并在美国、苏联以及太平洋地区建立控制站。

8 月 21 日，美国时任总统艾森豪威尔建议暂停核试验并和停止武器级裂变材料挂钩，期限为两年。但是，这一提议遭到了苏联方面的拒绝。

1958 年 3 月 31 日，苏联提议如果西方国家停止试验，那么苏联也将停止核试验。然而，这个提议同样没有被其他拥有核武器的国家所接受。

7 月 1 日，美国、英国、法国、苏联、加拿大、捷克、罗马尼亚以及波兰等国的科学家参加了在日内瓦召开的关于核试验核查的会议，并组成了核试验检查专家委员会。一个月之后，该委员会指出在全世界建立 160 个监测站就可以检查大气层、地下与水下的核试验。

10 月 31 日，美国、英国、苏联三国在日内瓦开始进行核谈判。会后，美、英、苏相继暂停了核试验。

而对于生活在马绍尔群岛的居民来说，国际社会的禁核谈判以及世界范围内声势渐长的反核运动，最终给他们带来了福音。

也就是在 1958 年，美国不得不停止了在马绍尔群岛比基尼环礁进行的核试验。

5 今日的比基尼岛——仍令人谈虎色变

从 20 世纪 40 年代中期开始，美国人就强令比基尼岛上的居民迁出，然后将这里建成了一个远离本土的、重要的核试验基地。根据有关部门的统计，从 20 世纪 40 年代到 90 年代，美国总共进行了一千多次核试验。其中，美军在马绍尔群岛就曾进行了 67 次核试验，而在比基尼环礁进行的就有 23 次。

仅仅在1954年，美军在马绍尔群岛所属部分岛屿上就接连爆炸了3枚核武器，当量都在1000万吨以上。还有在1954年1500万吨TNT当量的核试验中，美军在比基尼岛进行核试验之前，疏散了核爆区附近的居民。但是，当核弹发生爆炸后，其散发的能量远远高于预期，放射性尘埃飘向天空的高度也高于预期。因此，高空的大气气流将这些尘埃吹到了东部的朗格拉普环礁一带。当地居民猝不及防，直到两天后才紧急疏散。但是，这些人受到了严重的放射性污染。后来，居民中出现了头发脱落、恶心、呕吐不止等症状，还有一些人患上了甲状腺疾病，甚至有的人出现了恶性肿瘤。

总之，美军在比基尼岛上进行的核试验，给马绍尔群岛的居民带来了深重的灾难，干扰了人们的正常生活，人们的身心健康也遭遇到了巨大的挑战与威胁。

到了20世纪60年代末,时任美国总统林登·贝恩斯·约翰逊宣称比基尼环礁已经非常安全，同时美国政府将开始进行一项长期的土地开垦填筑计划，目的就在于能够使比基尼居民可以返回自己的家园。后来，确实有一部分人回到岛上定居生活。但是，当地的食品遭受了严重的污染，居民在食用后，因吸收了大量的放射性物质铯-137而再度出现各种“原子病”，于是人们不得不再次撤离该岛。

六十多年过去了，东西方冷战早已结束，和平利用核能也成为了全人类的共识。当初的核试验场以及其他实验设施不在了，核爆的烟云已经消散，那些雄心勃勃的科学家和试验人员也没有了踪迹，唯一给马绍尔群岛和附近的海域留下来的只有核试验带给人的阴影和伤害以及残留在当地的大量的放射性物质。

历经风吹雨打，那些放射性物质早就渗入到了当地的土壤之中，这就使得当地生产的食品和饮用水都变成了辐射污染源。当地居民无法直接食用或者饮用，不得已只好将生活必需品从其他的地方运到岛上来，这就给人们带来了诸多的苦恼与不便。

曾经有一些国际组织到马绍尔群岛作过调查，专家发现想要彻底清除这些放射性散落物，例如铯-137，可以采用两种办法。其一就是将群岛上的表层土壤彻底铲掉，而一旦把所有的表层土壤与草木都消除掉，就不会再有肥沃的土壤，剩下的就只有沙子与荒地了。这对当地居民可能会造成更大的困难。另外一种方法就是通过大量使用钾肥，使当地植物吸收钾，而不是铯。这样，人们就不会再将放射性物质吸收进体内。

相对来说，当年进行核试验的比基尼岛及其附近的岛屿，所遭受的污染就严重得多了。虽然那些恐怖的蘑菇云早已成为了历史，但是残留的核辐射却让当初被迫迁走的原居民望而却步。

如今，中太平洋美丽的风光，原始的珊瑚礁，都在吸引着世界各地的游客前来观光。特别是静静地躺在海底的军舰让越来越多的潜水爱好者趋之若骛。沉没在比基尼环礁内的“萨拉托加”号航空母舰是目前世界上人们已经确定具体位置的水下最大的残骸，同时它也是世界上唯一一艘通过潜水就能够观赏到的航空母舰。而曾经作为日本帝国海军骄傲的“长门”号重巡洋舰在经历了核爆炸后，变成了一堆废铁沉在了海底。潜水爱好者探寻这些军舰残骸不仅有着非凡的乐趣，更有着重要的历史意义。

海底“萨拉托加”号航空母舰的指挥室

而当年比基尼岛上的居民也在积极申请返回自己的家园。当地政府也已经开始着手清理比基尼岛核污染，并为人们返岛居住作一定的准备。不过，那些居民能不能实现自己的夙愿，这恐怕还需要根据未来的实际情况来确定。

有关专家认为，大气层中的放射性物质早已经消散殆尽，但是核爆产生的铯-137依旧残留在土壤中，然后被植物的根系吸收，所以岛上的水果才会含有严重超标的铯元素。只要居民不食用当地生产的水果，就可以免受过多的辐射的影响。

其实，不只是比基尼岛出现这样的状况，郎格拉岛、马绍尔岛等岛礁都存在着类似的情况。核爆是瞬间即可完成的，但它的负面影响却不是短时间即可清除的，核辐射可以存在几个月，几年，也可能是几十年。为了避免悲剧重演，太平洋的一些岛国也在积极努力，并采取一些实际的行动来停止核试验并防止核武器的扩散。

为了加强沟通与合作，1971年在新西兰首都惠灵顿，斐济、萨摩亚、汤加、瑙鲁、库克群岛和澳大利亚召开南太平洋会议，宣布正式成立“南太平洋论坛”。

1985年8月6日，“南太平洋论坛”的十三国政府首脑在库克群岛举行的拉罗汤加会议上缔结了《南太平洋无核区条约》(又称《拉罗汤加条约》)。根据条约的规定，南太平洋将成为无核区，大致范围是：西起澳大利亚靠印度洋的海岸，东至东太平洋与拉美无核区相连接，北起赤道以北的基里巴斯，南至南纬60度与南极洲无核区相连接；在南太平洋无核区内，禁止使用、拥有、试验或部署核武器或核爆炸装置，禁止堆积、倾倒核废料。

到2000年，“南太平洋论坛”正式改称“太平洋岛国论坛”。目前，这一论坛组织已经发展为了拥有16个成员国以及2个观察员国的地区性组织。马绍尔群岛共和国作为其中一个缔约国，主张保护海洋资源以及环境，并积极支持建立南太平洋无核区。

总之，人类只有牢记历史的教训，避免核军备竞赛再次出现，安全和平利用核能，才能让我们少一些荒芜与贫瘠，多一些沃土与绿洲，少一些惊惧，多一些幸福。

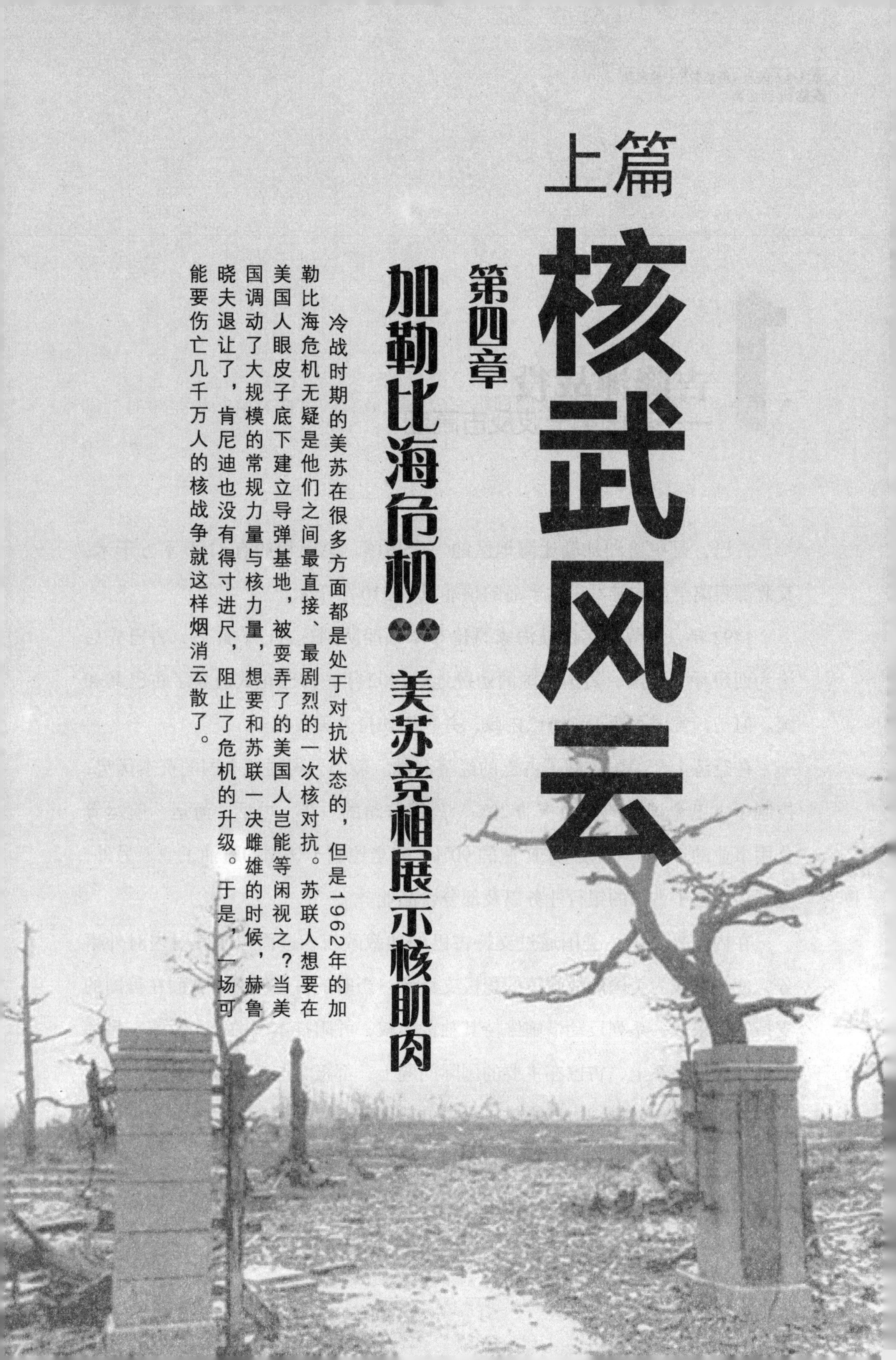

上篇 核武风云

第四章 加勒比海危机——美苏竞相展示核肌肉

冷战时期的美苏在很多方面都是处于对抗状态的，但是1962年的加勒比海危机无疑是他们之间最直接、最剧烈的一次核对抗。苏联人想要在美国人眼皮子底下建立导弹基地，被耍弄了的美国人岂能等闲视之？当美国调动了大规模的常规力量与核力量，想要和苏联一决雌雄的时候，赫鲁晓夫退让了，肯尼迪也没有得寸进尺，阻止了危机的升级。于是，一场可能要伤亡几千万人的核战争就这样烟消云散了。

1 吉隆滩战役
——美国第一波反古高潮

古巴，是中美洲加勒比海地区的一个岛国，总面积约有 11 万平方千米，其北部距离美国的佛罗里达半岛的顶端只有 210 多千米。

1492 年，世界著名的航海家哥伦布率领船队到达古巴。此后，古巴先后沦为西班牙、英国、美国等国的殖民地。1902 年，古巴正式成立了古巴共和国。但是，美国不断干预古巴内政，并积极扶持亲美政权。

在经济上，美国控制了古巴的经济命脉。美国公司通过本国的资本优势，控制了古巴全国土地总面积的 20%，公用铁路的一半，电话、海运、航运等公用事业的 80%，牧场与采矿业的 90%，完全控制了该国的石油工业。另外，美国还控制了古巴的银行业务以及部分食品业。

在内政外交上，美国通过支持古巴的独裁政权，进而控制其对内对外事务，使古巴成为美国冷战政策的积极支持者。当时的古巴政府一方面在美国的支持下，采取一系列反动措施维持其独裁政权，并阻挠本国的社会改革；另一方面在对外关系上，古巴在主要的国际问题上，都极力与美国保持一致。

在军事上，美国向古巴提供了大量的武器装备以及军事援助，并积极派遣军事顾问，训练古巴陆、海、空三军以及警察部队。

因此从整体上看，美国的势力在古巴可以说是占据了绝对的统治地位。

到 20 世纪 30 年代的时候，古巴陆军上校巴蒂斯塔就在美国政府的大力

古巴独裁者巴蒂斯塔

支持下，通过政变上台，实行军事独裁统治，最终引起了广大民众的不满与反抗。

1953 年 7 月 26 日，古巴青年律师菲德尔·卡斯特罗领导 120 多名古巴爱国青年发动了反对巴蒂斯塔独裁政权的武装起义，终因寡不敌众，失败后被捕。1955 年，卡斯特罗意外获释，后来先后流亡于美国与墨西哥。在墨西哥流亡期间，他建立起古巴革命组织“七二六运动”。1956 年，卡斯特罗率领 80 多名追随者返回古巴，在马埃斯特拉山区创建了起义军以及根据地，从而展开了反对巴蒂斯塔政权的游击战争。

经过两年的武装斗争，卡斯特罗带领起义军最终攻入了古巴首都哈瓦那。巴蒂斯塔独裁政权被推翻了，其家族以及政要 500 多人于 1958 年 12 月逃到了美国。之后，在各个阶层人民的支持和拥护下，卡斯特罗成立了临时革命政府。1959 年 2 月，他出任临时政府总理。

在古巴新政府成立之初，美国为了保存自己在古巴的利益，暂时宣布承认古巴新政权。而卡斯特罗为了巩固新政权，也宣称古巴政府是站在西方一面的，而且不打算采取“苏联模式”治国，他积极寻求美国在政治和经济上的援助以及支持。

同时，他还访问了美国，会见了美国副总统尼克松，向美国政府阐述了古巴目前所面临的各项问题以及想要采取的措施。然而，这没有改变美国政府对古巴新政府的疑虑和敌意，因为在美国政府看来，卡斯特罗领导的古巴新政府是不符合美国的最大利益的，应该扶持另一个政治势力来取代卡斯特罗政权。

不久，古巴空军司令迪亚斯·兰斯叛逃到了美国，他极力鼓动美国出兵推翻卡斯特罗政府。不仅如此，他还策划了对古巴的空袭行动，造成多人死伤。

为此，卡斯特罗对美国进行了严厉的谴责。这一事件不仅使古美关系出现了紧张的氛围，而且促进了卡斯特罗对美国立场的转变。

与此同时，古巴新政府在内政上，实行镇压反革命、土地改革和没收国外资本与大企业等重大举措；在对外方面，则高举着反对外国干涉、维护国家主权的旗帜。所有这些措施都直接触动了美国在古巴的政治与经济利益，引发了美国政府的不满与进一步仇视。

另外，美国也担心卡斯特罗领导的新古巴会威胁到美国在拉美的霸主地位，还可能危及到美国在西半球的经济利益，因此想要通过经济封锁、贸易禁运、外交孤立、军事威胁等措施来促使古巴革命政府垮台。故而，两国关系急转直下，直至最终断绝外交关系。

面对美国对古巴的封锁与敌视政策，社会主义国家纷纷加以声援，当时的苏联领导人赫鲁晓夫更是公开表示支持古巴人民的斗争。部分拉美国家也爆发了游行活动，声援古巴人民。

1959 年底，美国政府开始制订以武力手段推翻卡斯特罗政府的计划，目标是建立一个符合美国利益的新政权。为此，美国不断招募并训练在美国的古巴流亡分子，企图利用这些力量来推翻卡斯特罗政权。

古巴革命胜利后，很多反对古巴革命的人物纷纷逃离古巴，来到美国从事一些政治活动。大部分人既反对巴蒂斯塔独裁政权，也反对卡斯特罗领导的新政权。这些流亡分子正是美国所期望的反古力量。在美国人的不断训练下，流亡分子积极进行入侵古巴、推翻革命政府的准备。

1960 年 3 月 16 日，美国中央情报局制订了旨在推翻卡斯特罗领导的新政府的“冥王星计划”，这个计划为一年后的“吉隆滩战役”奠定了基础。该计划的主要内容是：将反对卡斯特罗的组织统一起来，组成一个联合阵线，以便统一行动并增强吸引力；利用强大的宣传工具来诽谤古巴领导人，煽动起古巴群众对现政府的不满情绪，以此来不断削弱古巴政府的统治根基；美国中央情报局负责建立一支由古巴流亡分子组成的武装力量，以便未来能在古巴登陆并推翻卡斯特罗政权。

时任美国总统肯尼迪

1961年初，肯尼迪政府上台之后，继续坚持奉行对古巴的敌视政策。东西方的冷战还在持续加剧，古巴新政府也很有可能倒向苏联一方，再加上国内的政治要求，这些都迫使肯尼迪政府加速实施对古巴的“冥王星计划”。虽然有人对这一计划能否取得成功持怀疑态度，但是肯尼迪还是批准了中央情报局策划的此次军事入侵行动。

为此，美国中央情报局还帮助纠集起来的古巴流亡分子组建了以何塞·卡多纳为首的“古巴革命委员会”，一旦军事行动取得成功，这个组织就将建立亲美的古巴新政权。军事入侵行动原定日期是在4月5日，此后又被推迟到4月10日，最终日期被定在了4月17日。

1961年4月10日，由古巴流亡分子组成的入侵部队1400余人离开位于危地马拉的训练营地，前往尼加拉瓜，之后再乘船驶往古巴。同时，美军还出动了多架涂有古巴空军标志的轰炸机，对古巴的主要机场进行了狂轰滥炸，目的就是要摧毁古巴的空军力量，保证登陆的顺利进行。4月17日，这支1400余人的雇佣军，在美军舰艇的掩护下，分乘四艘美国军舰，在古巴南部的吉隆滩登陆。同时，美国人还为他们空投了武器弹药，并允诺到时会进行必要的空中支援。

雇佣军的主要目的就是煽动其他古巴人与其一道去推翻卡斯特罗政府，扼杀新生的革命政权。虽然这支部队在古巴登陆后，曾一度占领吉隆滩和长滩，但是他们的所有设想很快就破灭了。

由于美国支持的军事入侵行动根本不得人心，所以引发了古巴民众的强烈抵制。再加上这些流亡分子缺乏应有的训练，只有少部分人是军人出身，甚至有的人还没有成年，因而在以卡斯特罗为首的古巴军民的勇猛抗击下，入侵部

美国人雇用的被古巴流放的犯人正准备登机

队在两天的时间里几乎被全歼，114人被击毙，1199人成了俘虏。

另外，入侵古巴的武装分子还损失了10架飞机，4艘军舰，5辆坦克以及10辆装甲车。古巴则付出了87人牺牲、250人受伤的代价。这就是震惊世界的“吉隆滩战役”。

对于美国政府以及反对古巴新政权的人来说，这可谓是一场彻彻底底的失败。因为这次战役，肯尼迪政府遭受了沉重的打击，其本人承担了全部的责任，而策划此次失败的军事行动的直接负责人中央情报局局长艾伦·杜勒斯以及副局长比赛尔也被迫辞职。

同时，美国政府遭到了很多国家的批评与指责，并一时陷入了被动之中。苏联领导人赫鲁晓夫致函肯尼迪，认为美国组织的此次军事入侵行动是对世界和平的重大威胁。加拿大明确表示反对美国干涉古巴内政。印度总理尼赫鲁也明确谴责了美国对古巴的军事入侵行动，并对卡斯特罗政权表示了同情。

吉隆滩战役对古巴的影响也是深远的。通过此次战役，卡斯特罗及其领导的革命政府得到了进一步的巩固，同时他在古巴以及拉丁美洲的声望也得到了大大的提高。

更为重要的是，古巴新政府为了对抗美国可能发动的军事入侵，也为了获得物质与道义上的大力支持，只好进一步向苏联靠拢，苏古之间的关系因此变得越来越密切。

2 苏联军援古巴
——在美国后院放“地雷”

美国人虽然在“吉隆滩战役”中遭遇了巨大的损失，但是他们心有不甘，中央情报局很快就拟订了一个新的旨在推翻卡斯特罗政权的计划——猫鼬行动，该计划负责人是美国国防部的爱德华·兰斯代尔。

这项行动大体上就是由那些古巴流亡分子在古巴内部通过发动破坏、骚乱、暗杀等行动，再加上政治、心理以及经济颠覆活动，最终达到推翻古巴新政府的目的。

为此，中央情报局扩大了设在迈阿密的指挥中心，这个中心的预算资金有5000多万美圆，同时还有2000多名古巴人在为之工作。除此以外，还有数百名美国人在参与“猫鼬行动”计划，数百艘摩托艇和一小部分空军资源也都归中央情报局调配。到1961年底，此项计划开始实施的一切准备工作都已就绪。

据统计，在1962年的头八个月里，古巴流亡分子对包括大型工业企业和重要公共设施在内的目标进行了5000多次破坏和恐怖袭击，比如炸毁桥梁、公路和铁路，捣毁工厂机器，攻击军事设施、海岸旅馆，投毒，暗杀古巴领导人等活动。

被古巴军民俘虏的反政府武装分子

为了进一步削弱卡斯特罗政权，美国还联

合其他国家对古巴进行了贸易禁运、经济制裁和外交孤立。

1962 年 1 月，第八届美洲国家外长协商会议在乌拉圭的埃斯特角举行。在美国的软硬兼施下，埃斯特角会议通过了把古巴排除在泛美体系之外的决议，禁止美洲国家组织成员国向古巴出售武器，并制定集体安全措施以反对古巴在西半球的活动。这年春天，美国又迫使十多个拉美国家与古巴断绝了外交关系。

与此同时，美国加强了对古巴的进出口活动的限制。吉隆滩战役失败以后，美国政府当时就停止了与古巴之间的所有军事物资的贸易活动。2 月，美国政府宣布除了一些必需的食物与药品，禁止所有和古巴的贸易往来；所有产于古巴，从古巴出口或者经过古巴的产品都禁止进入美国，美国的所有商品也不得出口到古巴。3 月，美国停止了对古巴糖的进口，并使贸易禁运的范围扩展到了从其他国家进口的、包含有古巴的原料和零部件的各种货物，禁止进口古巴产品，禁止任何在第三国加工生产的、含有古巴的原料或零部件的产品进入美国。

为了进一步削弱和动摇古巴政府的统治能力，美国政府还要求自己的盟国和美国共同行动，对古巴展开经济封锁与禁运。

美国采取的这些措施确实给古巴造成了巨大的经济损失，特别是对外贸易大幅下降。这一方面让古巴面临了严峻的经济困难，但另一方面也给苏联的势力进入美洲提供了绝佳的机会。

为了缓解经济压力，也为了争取外部力量的支持，古巴不得不加强与苏联以及其他社会主义国家的关系。最终，古巴对外贸易的重点从美国转向了苏联。早在 1952 年，巴蒂斯塔独裁政权就断绝了和苏联的外交关系。1959 年，在卡斯特罗领导的新政府建立后，苏联政府虽然承认了古巴临时革命政府，但是并没有进行援助。

随着古美两国关系的逐步恶化，苏联对古巴才有了一个全新的认识。特别是卡斯特罗的态度也在慢慢发生改变，逐渐倾向于社会主义。这使得苏联领导人认识到，援助古巴不仅可以大力支持古巴的革命事业，更能够将自己的势力渗透进美国的传统势力范围内。

于是，苏联政府开始调整政策，决定对古巴临时政府提供援助。1960 年 2 月，苏联部长会议第一副主席米高扬访问古巴，这是苏联领导层与古巴领导人的第一次接触，预示着苏联对古巴政策的重大转变。5 月，苏联和古巴宣布正式恢复外交关系。此后，苏联便开始对古巴开展经济以及军事援助。

同时，苏联领导人也不断发表讲话，对美国封锁古巴的政策加以谴责。赫鲁晓夫还警告美国说，苏联的导弹可以准确地打击 1.3 万千米外的目标。

1960 年 7 月，古巴国防部长劳尔·卡斯特罗访问苏联，受到了苏联政府的热烈欢迎，他与苏联领导人举行了会谈。苏联方面允诺可以向古巴提供更多的军事援助。面对美国人的咄咄逼人的态势，赫鲁晓夫再次向美国发出核威胁，声称要用核武器来保卫古巴。

到“吉隆滩战役”爆发的前夕，苏联方面已经向古巴提供了 100 多辆坦克，1.6 万多支步枪，7000 多挺机枪，此外还有一些防空以及反坦克武器。“吉隆滩战役”之后，苏联和古巴之间的关系变得更加深入。

但是形势对古巴来说依旧是严峻的，从各方面反映的情况显示美国人想要对古巴实施更大规模的军事入侵行动。因此，卡斯特罗迫切希望苏联继续给予军事援助以及支持。

1961 年 8 月—9 月，苏联和古巴签订了两项关于武器供应的军事条约。根据条约，苏联将向古巴提供大量的武器装备，而古巴只需要支付部分现金即可。

到 1962 年 4 月，古巴先后从苏联方面获得了近 400 辆坦克、800 多门高射炮、40 多架军用飞机以及 10 多艘军舰。此外，数百名苏联军事人员也来到古巴，为古巴人提供军事培训和训练。同时，苏联还准备向古巴提供一定数量的地对空导弹。

这个时候，美国和古巴之间的矛盾和冲突在不断加深；另一方面，苏联和古巴的关系在西方国家，特别是美国的压力下，越来越密切。在古巴问题上，美苏两国再次展开了你来我往的政治斗争和军事威慑。

此时，越来越激烈的冷战使得苏美两国为了在国际上取得战略优势地位，彼此竞相扩充各自的武器库，军备竞赛是你追我赶。但总体而言，苏联还是处于劣势地位。

到 1962 年，美国共有 2.7 万多件核武器，而苏联只有 3000 多件；美国拥有将近 300 枚洲际导弹、140 多枚潜射弹道导弹、600 多架远程轰炸机，而苏联方面拥有的只相当于美国很小的一部分；美国拥有 5000 多枚战略核弹头，而苏联只有 300 枚。

特别是美国在核武器方面的优势地位，使苏联领导人芒刺在背。为了取得力量均衡，为了加强苏联同美国争霸的实力，为了在柏林问题和限制军备竞赛问题上增加更多的资本，苏联领导人赫鲁晓夫决定在古巴部署能够携带核弹头的中程和中远程导弹。他们认为这是一条既经济又能迅速地改善美苏战略态势的捷径，也能够有效地防止美国对古巴的军事入侵。

于是在 1962 年 7 月，苏联和古巴签署了一份关于苏联在古巴部署中程导弹的协议。根据这份协议，苏联开始向古巴运送导弹及其相关装备以及部分军事技术人员。但是，苏联领导人赫鲁晓夫不希望部署导弹的事情过早地让美国

载有导弹巡逻艇的苏联货船

人知道，他企图等到一切部署完毕之后再宣布，这样更能显示出苏联的实力。同时，他也不想因为此事而刺激美国加速入侵古巴。

此次运送导弹的行动非同以往，数万人的军队以及大量的军事装备运往古巴，想要躲过美国及其盟国的监视是不可能的。于是，苏联就以军事演习为名，利用各种海上运输工具，将人员和装备从巴伦支海、波罗的海和黑海港口源源不断地运往古巴。

整个军事行动共分为两个阶段。第一个阶段是从 7 月到 8 月，苏联运往古巴的主要是坦克、大炮、米格 -21 战斗机以及地对空导弹。同时，还有数千名军事技术人员也被派往古巴。从 9 月份开始，行动进入了第二阶段。在这个阶段，苏联开始向古巴运送进攻性武器。

到 10 月 24 日，苏联已经在古巴建立起了一支强大的军事力量。这包括近 4.2 万名军人，42 枚中程导弹，42 架伊尔 -28 轰炸机，42 架米格 -21 战斗机。同时，苏联在古巴境内还构筑了 24 处地对空导弹基地，部署了 500 多枚导弹以及 80 枚巡航导弹、12 枚战术核导弹。

在短短三个月的时间里，苏联能够在不让美国发现的情况下，进行如此大规模的军事装备和人员的调动与部署，一方面得益于苏联方面高度严格的安全保卫措施，另一方面就是采取了一系列转移美国视线的“伎俩”，并用安抚以及威胁的手法延缓了美国发现苏联行动的时间。

赫鲁晓夫曾经一再声称，假如美国人入侵或者封锁古巴，苏联不会坐视不管，也会作出一定的军事反应；同时，他也一再向美国政府保证，古巴不会有任何进攻性武器，苏联运往古巴的纯属防御性武器，更不会将古巴建成为苏联的战略基地。

苏联这些煞费苦心的措施在一定程度上可以说是起到了作用，使美国人一时没有弄明白对手的真实意图。但是，这些都是暂时的。很快，美国人就利用自己的战略以及战术上的优势，发现了苏联人的导弹基地。

3 美国海空封锁古巴
——不达目的誓不罢休

实际上，苏联的行动也并不是完全神不知鬼不觉的。西方国家，特别是美国早就注意上了苏联的一举一动。

1962年7、8月份，往来于苏联与古巴之间的船只不断地增加，这引起了美国及其盟国情报机构的注意，因而加大了对苏联船只在加勒比海地区活动的侦察力度。同时，从一些古巴的流亡分子、难民以及间谍的口中，美国情报机构了解到苏联对古巴的援助正在快速地增强，不断向古巴运送大量的军事物资，而且正在修建性质不明的军事设施。

为了更进一步地了解苏联在古巴的真实行动，美军动用了大量高空侦察机以及电子侦测手段来监视苏联在加勒比海的一举一动。到了8月末，美军的U-2高空侦察机就发现了苏联部署在古巴的地对空导弹基地、海岸巡航导弹设施以及部分米格战斗机、鱼雷快艇等军事装备，然而却没有发现进攻性导弹设施。

起初，美国人认为苏联虽然对古巴进行的援助规模很大，但只是在帮助古巴建设防御性的武器系统，而不会向古巴提供核武器，不会在古巴部署中程和中远程导弹，也不会向古巴派驻战斗部队。

但是随着时间的推移，美国人发现了越来越多的疑点：苏联对古巴进行援助的规模比估计的要大得多；大量的军事人员进驻古巴；古巴境内有好几个地方正在修建性质不明的军事设施以及正在建设的地对空导弹发射场及其附属设施、在海岸的巡航导弹设施等等。而且古巴领导人也在很多场合，暗示苏联正在古巴境内部署核武器。例如，古巴总统多尔蒂科斯10月初在联合国大会演讲时，就说道：“……我们拥有了原来不想获得而现在也不想使用的我们无法回避的武器……”

所有这些都促使美国人不断加大对古巴的空中侦察力度，力求知道苏联人的真实意图。

1962 年 10 月 13 日和 15 日，美军利用 U-2 高空侦察机对古巴进行了多次高空侦察，终于发现了多座中程和中远程导弹发射装置以及 20 多架能够携带核武器的伊尔 -28 中程轰炸机，美国人认为那些导弹的射程能够覆盖北美大部分地区。这一发现对肯尼迪来说是震惊万分，他感觉赫鲁晓夫欺骗了他。

于是，肯尼迪立即召开了紧急会议，秘密商讨对策。有人建议利用美国压倒性的军事优势，来摧毁已经驻扎在古巴的苏联军队和古巴军队以及相关的军事设施；有人则建议通过政治和外交途径来解决古巴导弹问题，比如可以联合美国的盟国和美洲国家组织或者通过联合国来和平解决争端。而美国政府内部的强硬派更主张利用空中打击，干脆利落地摧毁苏联设在古巴的导弹基地。

经过多日商讨以后，肯尼迪最终决定采用军事封锁的办法来迫使苏联撤走在古巴的导弹。这是因为在他看来，军事封锁的灵活性较大，可以在最大程度上控制住局面；充分发挥美国海军在加勒比海的优势；可以尽量避免苏联的军事报复以及美苏间可能出现的核冲突；也能够获得盟国的支持，避免外交上的被动。

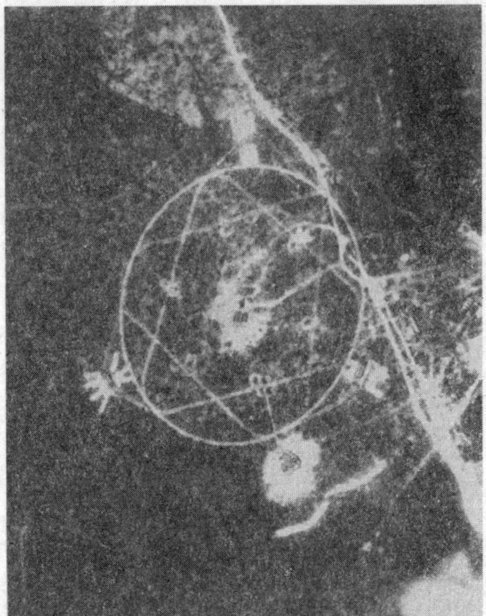

U-2拍摄的建设中的SA-2地对空导弹阵地

同时，美军通过对古巴的进一步空中侦察，证实有 4 座中程导弹和 2 座中远程导弹发射台正在建设中，16 个中程导弹发射器已经可以使用。

1962 年 10 月 22 日，美国总统肯尼迪向全世界发表了电视讲话，说苏联正在古巴建设带有进攻性质的导弹

肯尼迪向美国和全世界发表广播讲话，通告了苏联在古巴部署核导弹的事实，宣布武装封锁古巴。

基地，那些导弹能够打击到从秘鲁到加拿大的众多目标，这对整个拉丁美洲的和平与安全构成了明显的威胁。

肯尼迪强调美国政府将会采取有效的措施，促使苏联撤走或者清除掉这些导弹。具体措施为：对一些正在驶往古巴的装有进攻性军事装备的船只实行海上“隔离”，严密封锁运往古巴的一切进攻性军事装备，从任何国家或者港口驶往古巴的船只，只要发现船上装有进攻性武器，美军都将命令其停止前进。

此外，他还建议召开国际会议，商讨苏联对西半球以及世界和平的威胁等等。在当天早些时候，美国政府还将封锁消息告知了苏联驻美大使。

由此，古巴导弹危机全面展开，全世界都将目光转向了加勒比海地区。

为了让美国的隔离行动具有合法性与正当性，美国通过积极的外交努力，取得了美洲国家组织、部分非洲国家以及美国盟国的支持与协助。阿根廷、多米尼加和危地马拉等国家参与了美军主导的军事封锁行动，非洲的几内亚、塞内加尔等国则保证不允许苏联飞机在本国着陆和加油。而美国的盟国英国、法国、意大利、加拿大对美国的行动表示了支持。

在联合国会议上，美苏两国是唇枪舌剑，互相指责。美国方面指出古巴已经成为了可造成大规模毁灭灾难的战略基地，苏联应该在联合国的监督下拆除并撤走部署在古巴的进攻性武器，并呼吁两国展开磋商，以消除这些危险。苏联则当面指责美国的军事行动违反国际法和联合国宪章，是在肆意干涉古巴的内政，制造紧张的战争局势，指出苏联对古巴的援助仅仅是为了改善古巴的防御能力，并要求美国取消封锁。最终，会议演变为了一场美苏之间毫无意义的口水战。后来，一些中立国起草了解决目前危机的草案，但是遭到了苏联方面的坚决反对。

美国在向苏联摊牌之后，加强了在本土的军事防御态势。为了防御来自古巴的导弹袭击，美军向东南部增派了防空飞行中队，部署了地对空导弹以及防空预警系统。为防不测，美国政府制订了紧急疏散计划，并拟定了多项民防预案。

同时，全球美军进入了三级战备状态，洲际弹道导弹处于待发状态，能够发射远程导弹的潜艇进入了作战海域待命。携带核武器的战略轰炸机进入高度戒备状态，一旦遭到核打击，就向既定的苏联目标发动攻击，就连那些部署在美国盟国的轰炸机、战斗机以及导弹也处于高度戒备状态。携带核导弹的潜艇在北大西洋展开了游弋，携带巡航导弹的潜艇则在北太平洋游弋，它们都作好了对苏联发起军事打击的准备。美军关塔那摩海军基地的军事力量同样得到了进一步的加强。

实际上，全球的美军，不论是美国本土，还是在海外基地的，通过大规模的军事调动，都进入了高度戒备状态，作好了与苏联展开全球性核战争的准备。

美军还组织了强大的反潜部队，主要来搜索那些可能携带导弹或者核武器的苏联潜艇，为此部署了部分驱逐舰、潜艇以及海上巡逻飞机，以确保苏联的潜艇不能到达古巴。

对于古巴的空中侦察，美军则进一步加强，目的就是获取关于苏联在古巴部署的导弹基地的更确切证据。为此，美国海空军飞机在一个月的时间里共进行了 150 多次低空飞行侦察，而 U-2 高空侦察机则进行了 400 多次高空侦察的任务。

为了实施海上封锁与隔离，美军在加勒比海和南大西洋部署了 180 多艘舰船，这其中就包括 8 艘航空母舰、2 艘巡洋舰、118 艘驱逐舰、13 艘潜艇。美军还动用了 68 个空军中队，用以封锁古巴海域，对那些驶往古巴的、可能载有进攻性武器的苏联船只进行检查，必要时对其加以损坏。

在实施海上封锁的同时，美军还准备对古巴进行空中打击和两栖登陆行动。为此，美国海空军准备了 500 多架轰炸机、50 架护航战斗机、60 多架侦察机和大约 40 架加油机以及部分携带有空对空导弹的拦截机。到 10 月 20 日左右，美军已经有四个空军中队处于随时进行空中打击的状态，并准备了一周的弹药和燃料。

另外，美军在本土的东南部集结了 25 万人的登陆部队，准备随时入侵古巴。准备参与登陆作战的有第 82、第 101 空降师，第 1、第 2 步兵师，第 1 装甲师和第 2 海军陆战队师等部队。

美军计划在正式开始入侵之前，先由飞机摧毁古巴境内的飞机以及导弹基地，然后再派遣 2.5 万人实施登陆作战，随后使登陆部队逐渐增加到 9 万人。

这个时候，美国与苏联之间的战争可谓是一触即发。

4 美苏加勒比斗法
——比胆量，更比实力

当苏联人秘密向古巴运送武器装备的行动被发现之后，美国政府是震惊万分。但是很快，他们就对苏联人还以颜色。随后，美军展开的大规模军事调动以及美国实施的“隔离”行动对赫鲁晓夫来说，也是始料不及的。

赫鲁晓夫当初决意冒险在古巴部署中程导弹的时候，很大程度上就在于他对美国政府的三个估计。其一，他觉得这些导弹在使用之前是不会被美国人发现的；其二，即便美国人发现了这些导弹，也不会进行反击，只能接受现实；其三，如果美国人想要有所行动，苏联也能够轻松应对并控制住局面。

但是，现实让苏联领导人明白了自己原来的估计是错误的。美国人不但没有表现出软弱，反而组织起猛烈的反击。此时，苏联根本没有制订应急计划，因此在美国政府的压力下处处被动。面对美国政府的封锁和恐吓，赫鲁晓夫开始时态度极为强硬。他认为美国的行动不过是想吓唬一下苏联而已，并认为美国人是不敢在公海上拦截苏联船只的，因此不仅把美国封锁古巴的照会当做不可接受的文件退还给了美国驻苏大使馆，还对美国发出警告说如果苏联船只受到攻击，那么苏联的潜艇就会击沉那些美国军舰。赫鲁晓夫强调苏联的核打击力量并不比美国少。

在给肯尼迪的信中，赫鲁晓夫更是谴责美国粗暴践踏了联合国宪章和国际法准则，任意干涉古巴和苏联内政，重申苏联给予古巴的武器装备仅仅是出于预防外部势力侵略的需要。

同时，为了显示自身的力量，苏联政府方面也作了一些军事准备，比如提高了苏联和华约组织的警戒级别，携带核武器的远程轰炸机和核潜艇驶入作战区域，洲际弹道导弹、中程和中远程导弹都锁定了美国和西欧的一些主要目标。

对于正在进行的给予古巴的军事援助计划，苏联政府认为还要继续进行，因而指示运输船不要理会美国军舰的命令，继续驶往古巴。

而在古巴，以卡斯特罗为首的古巴革命政府为了应对可能到来的大规模入侵，命令部队处于最高警戒状态，并进行了全民总动员。当时，古巴拥有27万名军人，又组织了40万人的民兵以及群众组织。同时，对于美军可能进行的轰炸，古巴军队积极构筑堡垒，挖掘战壕，在主要建筑物附近设置了铁丝网和沙包，用以对付美军可能发起的攻击行动。

驻古巴的苏军则一方面加速建设导弹基地，装配伊尔-28轰炸机；另一方面构筑导弹基地的防御工事，并对基地采取进一步的伪装和隐藏措施。

另外，古巴和驻古苏军还制订了军事防御计划，将古巴岛分为三个部分来进行防守。一旦美军登陆，各个部分的指挥官就指挥军队分头进行阻击。即便是入侵的美军侵占了一个地区，其他地区仍然可以进行战斗。

1962年10月24日，美军开始在加勒比海上开展军事“隔离”行动，他

苏联向古巴运输携带着导弹的商船被美军截获

们在距离古巴附近的水域设置了障碍物。而当时就有20多艘苏联舰船正在向古巴快速驶进，而且没有停止的迹象。战争似乎已经不可避免。

实际上，苏联政府不想真的与美国爆发核战争，而且赫鲁晓夫对局势的发展也没有绝对的把握，故而也保持了一定的克制，没有去挑战美国的军事封锁行动。最后，部分装载导弹弹头的船只接到苏联方面的命令改变了航线，或者返航，或者停止了前进。到10月25日，已经有14艘苏联船只返航，5艘邮船和3艘干货船继续向古巴航行。

而美国方面也想要尽量避免危机升级和局面失控，因此肯尼迪命令美军只可向试图通过封锁线的苏联船只的推进器进行射击，对那些掉转船头的苏联船只不要进行拦截。对美国人而言，海上封锁行动算是初步取得了成功，但是古巴境内的导弹基地仍在建设当中。美苏双方爆发战争的可能性依然存在。

与此同时，联合国代理秘书长吴丹亲自调停美苏双方的冲突。他发出建议，苏联停止向古巴运送武器，美国停止对古巴的海上封锁。苏联领导人接受了吴丹的建议，表示愿意进行谈判。美国政府则认为谈判只会丧失美国在外交上和军事上的主动权，因而拒绝谈判并坚持要苏联撤走导弹。

随着美苏核危机的一步步加深，肯尼迪认为仅靠海上封锁不能达到自己的目的，只有通过军事入侵或者以土耳其的战略导弹基地作交易才能让苏联撤走导弹。事实上，他还是尽力避免以武力解决目前的危机，所以肯尼迪一方面加紧军事准备，向赫鲁晓夫实施压力，一面积极寻求通过外交途径化解危机的方法。

而苏联领导人意识到想要保住自己的导弹和古巴政权，就必须作一定的退让。而且赫鲁晓夫也不愿意与美国发生核冲突，因此在美军进行海上封锁行动的次日，苏联政府就开始释放各种和解的信号。

10 月 26 日和 27 日，赫鲁晓夫先后以私人的名义两次致信肯尼迪，指出苏联向古巴提供武器只是出于纯粹防御的目的，而美国在苏联周边部署导弹使自己感到不安。他建议苏联撤走在古巴的导弹和军队，并保证不再向古巴提供进攻性武器，作为交换，美国需要保证不入侵古巴并解除海上封锁，还要撤除在土耳其的导弹。

很快，肯尼迪就对赫鲁晓夫的信件作出了回应，他强调只要苏联将部署在古巴的武器系统撤出，并保证不再将其运入古巴，美国同意取消封锁并保证不再进攻古巴。其后，又通过司法部长罗伯特•肯尼迪之口，表示美国不会在苏联的威胁下撤除在土耳其的导弹，因为这样会给自己在国际上带来负面影响，但会慢慢解决这个问题。

10 月 28 日，赫鲁晓夫通过广播公开答复肯尼迪政府，苏联政府早已经下达“拆除被您称为进攻性的武器，并将其加以包装运回苏联的新指示”。美国政府很快作出回应，赞成苏联方面的决定，并表示愿意和苏联就核裁军问题展开磋商。

赫鲁晓夫最终作出了妥协

此后，经过反复的谈判，苏联最终拆除了在古巴的导弹设施，将战略导弹、核武器以及伊尔 -28 轰炸机运回了苏联。而美国也很快结束了对古巴的海上封锁，并在几个月之后将意大利和土耳其境内的导弹也全部撤离。在加勒比海危机结束之前，苏联方面一直希望美国肯尼迪政府能够在不入侵古巴这个问题上作一个正式的或者公开的承诺，但是美国政府却一味地敷衍了事，根本不想作出任何具体的承诺。最后，这件事也就不了了之。

尽管如此，令人惊心动魄的加勒比海危机总算告一段落。此后，美苏两国继续在其他方面进行冷战与竞争。卡斯特罗领导的古巴革命政府虽然一直遭受美国等西方国家的敌视，但最终在核危机后保证了国家的领土与主权的安全，并逐渐走上了社会主义的发展道路。

5 谁是最终的胜利者
——肯尼迪，赫鲁晓夫还是卡斯特罗?

纵观美苏冷战史，发生在加勒比地区的加勒比海危机可以说是两个超级大国之间极其严重并十分危险的一次核对抗。

之所以会出现此次危机，最直接的原因来源于美国对古巴革命政权的敌视政策，也是美苏在全球争霸，大肆进行军备竞赛，推行冷战外交的产物。在一定程度上可以说，如果美国对于卡斯特罗领导的新政府采取接纳或者包容的态度，那么古巴也就不会轻易投向苏联的怀抱，也就不会给赫鲁晓夫在美国后院部署导弹的机会。

最初，危机只是存在于美国和古巴之间，短期内便升级为美国和苏联之间直接的政治、军事对抗，但最终又得以和平地解决，这是由很多原因决定的。

第一，肯尼迪和赫鲁晓夫都知道核战争可能带来的巨大灾难性后果，因此都尽量保持克制，减少战争风险，不让事态扩大，极力避免启动本国的核按钮。因为一旦爆发核冲突，美国和苏联只能是两败俱伤，甚至有可能同归于尽。这种情况是双方都不愿意看到的。

第二，虽然苏联相对美国在核力量方面处于劣势地位，但是美国并没有把握一举摧毁苏联全部的核力量，而自己又不会遭到任何损伤。到 20 世纪 60 年代初，美国拥有 5000 多枚核弹头，而苏联只有 300 枚。美国具有的核优势是明显的，但在核战争中它也无法保护本土的设施和人员免遭所有的伤害。因为美国无法完全摧毁能够携带核武器的苏联远程轰炸机、洲际导弹以及核潜艇，也无法确定洲际导弹和核潜艇的确切位置。所以，肯尼迪政府才会一再试图通过和平手段来解决危机。

第三，美苏双方在力量上的不均衡使得苏联处处被动，在强大的压力下，最终接受了拆除导弹的要求。而美国则始终处于十分有利的谈判地位，并最终在美国可接受的条件下与苏联达成了协议。在当时，苏联的常规力量和核力量相对于美国，明显处于劣势。美国政府集结了强大的军事力量，这让赫鲁晓夫认识到了美国人解决问题的决心，同时也感到了强大的压力。因而，他才会从先前的强硬，转变为后面的和缓，最终通过谈判来解决核危机。

第四，美苏两国没有一意孤行，在恰当的时机作出一定的让步与妥协，这才让危机得以最终化解，从而避免了核灾难的发生。苏联依约撤走了在古巴的导弹和轰炸机，美国也履行诺言，拆除了位于意大利和土耳其境内的导弹。

加勒比海危机解决之后，美苏双方都宣称自己取得了胜利。美国政府认为自己解决了人类最大的危机之一。而苏联则认为此次危机拯救了古巴革命，不发一枪就取得了一次辉煌的成功，古巴的生存和安全也得到了保证。

不管怎样，加勒比海危机把美苏两国，甚至把全世界都差点拖入核战争之中。危机过后，两国领导人也不断努力，缓和彼此的关系，加深沟通了解，尽力减少核冲突的可能性，避免此类危机再次出现。

对于肯尼迪来说，此次核危机提高了他的声望和民众支持率，成为了最受民众支持与爱戴的政治家之一。但是不幸的是，一年以后，肯尼迪夫妇在得克萨斯州达拉斯市为总统竞选拉选票时，遇刺身亡。

对于赫鲁晓夫来说，加勒比海危机令其受到很多的责难，给他的政治生涯带来了极其严重的后果，并促使他最终下台。1964 年 10 月份，勃列日涅夫等人在莫斯科发动政变，赫鲁晓夫被解除了一切职务，被迫“退休”，从此便在公众视野中消失了。

对于卡斯特罗来说，核危机的和平解决，不仅让古巴免除了一场核灾难，更使得古巴革命政权得以保存至今。在危机开始前，美国人试图运用一切手段来推翻卡斯特罗领导的新政权。在危机结束后，古巴虽然遭受了一些袭击和暗杀活动，但来自美国的大规模军事入侵的威胁算是基本上不存在了。在此后半个多世纪的时间里，卡斯特罗本人也逐渐成为了拉美地区最有影响力的领导人之一。加勒比海危机虽然让世界人民免除了一场核灾难，但也造成了一些极其负面的后果。

在处理此次核危机过程中，苏联的声望与荣誉可以说是遭到了一连串沉重的打击。核危机结束了，但美苏的冲突并未因此而结束。为了改变自身的核劣势，苏联开始大力发展常规力量和核力量，并与美国展开了大规模的核军备竞赛。

到 20 世纪 60 年代末，苏联基本上取得了对美国的核优势，建立起了仅次于美国、世界第二的海军力量。除了远程轰炸机和战略核弹头赶不上美国外，苏联的洲际弹道导弹数量、核弹头当量和战略核潜艇的数量都已经超过了美国。到 20 世纪 70 年代初，苏联的战略核力量和美国大体相当，而且还拥有了庞大的常规力量。美苏双方在核力量方面的旗鼓相当，一方面对世界上其他国家的和平与安全构成了威胁，但从另外一方面来说，双方之间能够确保“相互摧毁”，也对核战争的爆发起到一定的制约作用。

整个加勒比海危机持续了有 10 多天。在这段时间里，世界处在了核战争一触即发的状态之中。所幸的是，美苏双方都尽量保持克制，在经过了妥协与让步之后，危机最终得以和平结束。此次危机不仅对当时的国际格局产生了一定的影响，更为解决各种国际与地区冲突提供了一种成功的范式。

上篇 核武风云

第五章 苏联核潜艇事故——世界大战差点从这里开始

美苏之间的竞争是全方位的，不仅在陆地上，在太空中，更在广阔的海洋里。当那些携带着核弹头的苏联核潜艇在世界各大洋里巡弋、向对手进行核威慑的时候，美国人总是寝食难安的。但是，如果他们知道苏联核潜艇曾经出现的各类核事故，恐怕美国人就要惶恐不安了，因为事故频发的苏联核潜艇曾经几次令美苏之间差点爆发核大战。

1 苏联K-19号核潜艇事故
——传奇的“黑寡妇制造者”

20世纪50年代中期，苏联与美国两个超级大国不仅在陆地上，在广阔的海洋里也展开了军备竞赛。

1954年，美国建造出了世界上第一艘核动力潜艇“鹦鹉螺”号。不久，美国又建造出世界上第一艘战略核潜艇“乔治·华盛顿”号。对此，当时的苏联领导人赫鲁晓夫是忧心忡忡，寝食难安。

为了赢得战略优势，苏联战略核潜艇的研制工作也很快就开展起来了。到1957年初，苏联海军第一代弹道导弹核潜艇H级（658型）的设计工作正式完成。该级核潜艇由苏联红宝石设计局设计，北德文斯克造船厂负责建造。H级核潜艇的主要任务是对敌方沿海和内陆地区的重要军事目标、基地、行政中心以及重大设施进行核打击。

当时，苏联在核潜艇制造方面的技术还不是非常成熟。但为了提高苏联的核威慑能力，H级的第一艘艇K-19号（绰号“黑寡妇制造者”）在苏联政府高层的催促下便匆匆上马了。然而，这艘核潜艇从开始建造就麻烦不断。在建造期间，潜艇竟然出现了伤亡事故。后来仅用了一年多的时间，这艘日后频繁出现事故的核潜艇就下水了。到1960年11月，K-19号核潜艇进入苏联海军，开始正式服役。

1961年4月，K-19号核潜艇发生了服役期间的第一次事故。当时，这艘核潜艇在巴伦支海航行时，险些撞上美国的“鹦鹉螺”号核潜艇。在采取措施进行机动规避后，K-19号冲向了海底，致使潜艇头部撞到海底。不过幸运的是，核潜艇没有发生爆炸。

此时，美苏之间的冷战是愈演愈烈。为了能够抗衡美国的军事威胁，也为了向美国展示强大的海上力量，苏联于1961年6月18日举行了代号为“极地之圈”的军事演习。

于是，K-19号核潜艇从苏联摩尔曼斯克海军基地出发，驶向了北极地区参加军事演习。

到达预定的海域上浮后，这艘核潜艇根据预定的演习计划，扮演“敌人”的角色，模拟用导弹对苏联沿岸实施核袭击。最终，核潜艇虽然出了点小事故，好在并无大碍，顺利完成任务后开始返航。

7月4日凌晨4点钟，K-19号核潜艇沿丹麦海峡驶进了挪威水域，这时反应堆的应急系统忽然发出了警报信号，这说明潜艇内核反应堆的一回路密封失效，核反应堆冷却系统的功能在迅速下降。

经过检查，艇员发现艇身的密封装置发生了泄漏，一条管道被挤裂。在使用了各种应急手段之后，核泄漏依旧没有被制止住，核反应堆的温度在快速升高。

这一状况让艇长尼古拉·扎杰耶夫及其艇员万分紧张，因为温度若是过高，核爆炸就很有可能发生。当时，潜艇上装备的三枚核导弹以及两座核反应堆一旦发生爆炸，其威力将是美军投放在广岛原子弹的数十倍。而且在季风的帮助下，核爆炸产生的污染物还会飘到西欧一些国

浮出水面的K-19号核潜艇

家。因此，后果是不堪设想的。

更令他们担心的是，K-19 号核潜艇出事的海域距离最近的美军设在挪威扬马延岛的军事基地只有 100 海里，一旦发生核爆炸，就很有可能被美国等西方国家误认为是苏联在进行军事挑衅，试图对北约国家实施核袭击。如果发生误判，那么西方国家就很有可能进行报复性还击，对苏联发动核打击，进而导致第三次世界大战的爆发。

在关键时刻，艇长扎杰耶夫马上与艇员商讨紧急抢救的办法。有人建议在潜艇内安装一条水管，将备用水箱里的水引到核反应堆上进行强制冷却。扎杰耶夫很快就采纳了这一建议。

接着，他亲自带领几十名水兵到核反应堆舱进行抢修工作。为了让核反应堆迅速降温，参与抢修的水兵在明知核反应堆舱内的辐射早已超过人体承受极限，自身没有任何防护措施的情况下，毅然决然地冲了进去。经过两个小时的奋战，反应堆的温度终于恢复到了正常的水平。而那些参与抢修的水兵却由于吸入了过量的放射性气体，付出了生命的代价。

第二天，莫斯科海军总部才知道 K-19 号核潜艇在挪威海域发生了事故，于是立即命令苏联海军北方舰队进行紧急救援。当时，参加演习的苏联 C-270 号常规潜艇第一个接到了 K-19 的求救信号，于是马上就赶到了其出事的海域，并将重伤员转移到了 C-270 潜艇上。

K-19号潜艇事故救援情景

同时，苏联海军还在西里察海军基地马上组建了一支应急救援分队，由经验丰富的沙巴瓦洛夫上校率领。这支救援分队在小拉巴特金湾乘坐 CC-21 号救援船，驶向了核潜艇出事的海域，最终在挪威海上发现了 K-19 号。

当时，K-19 号上的辐射非常强，而且艇上的蓄电池没有了电，天气还十分恶劣，因而想要依靠自己的力量回到苏联海军基地已经不可能了，只有靠救援船的拖带了。最后，苏联救援船将拖绳系到了 K-19 号艇艏部的横舵上，才将其拖回了苏联巴连尔内海军基地。

返回基地后，K-19 号上的所有艇员被送往苏联生物物理研究所接受治疗。几天之后，参与抢险的科尔契洛夫中尉、奥尔多奇金一级军士、科申科夫二级军士、水兵萨夫金、哈利托诺夫、别尼科夫和军士长雷日科夫等人由于遭受了严重的核辐射，相继死亡。后来，他们的尸体被放入铅棺，秘密埋葬在了莫斯科郊外的一座公墓里。

K-19 核潜艇发生的事故令苏联领导人大为不满。不久，苏联政府决定将 K-19 号核潜艇拖到新地岛海域，想将其沉入海底自行销毁。然而，在 K-19 上幸存的艇员一再要求下，苏联海军高层同意对这艘核潜艇进行改装。

此后，K-19 号核潜艇仍旧麻烦不断，发生了多次事故。

在 1968 年，这艘核潜艇与美国“小鲨鱼”号核潜艇在巴伦支海发生了碰撞事故，所幸没有出现大的问题。

1972 年，K-19 号在从北极地区返回基地，在加拿大纽芬兰 1300 千米外 120 米深的海域航行的时候，潜艇内的轮机舱突然发生了火灾，当时值班的 28 名艇员不幸阵亡。着火的原因是由于液压机液体泄漏到了热滤器中引发了大火。着火之后，该艇立即上浮，并主动接受了附近北约水面舰艇实施的营救。军舰赶到后，很快就撤出了除尾部着火轮机舱后面的鱼雷舱内 12 名艇员以外的全部艇员。

艇员撤离后，由于海风的原因，海军舰船在对核潜艇进行拖拽的工作时，遭遇了一定的难度，K-19 艇不断辗转，直到当年的 4 月 4 日才被带回到北莫尔斯克港。

而被困于艇尾鱼雷舱的 12 名艇员在缺少水和食物，低温以及几乎无光的空间中度过了漫长的40多天后才被解救。而这次事故也使得K-19号核潜艇不得不又回到港口大修，之后返回了北方舰队。这次事件也成为了全世界非沉没核潜艇事故中阵亡人数最多的事故。

到了20世纪90年代初，这艘核潜艇又发生了反应堆故障，尽管这次事故被迅速控制，潜艇没有受到核污染，也没有出现人员伤亡，但这次事故让多灾多难的K-19号潜艇彻底退出了现役。

2 苏联K-8号核潜艇事故——第一个被公开的核潜艇事故

美苏冷战开始之初，美国航母编队经常在苏联的周边海域来回游弋，这对苏联造成了一定的心理压力。为了抗衡美国的军事威胁，苏联领导人决定大力发展核潜艇，利用装备导弹的核潜艇来攻击美国本土，利用装备巡航导弹的攻击性核潜艇来抗击美国的大型海上舰艇编队。

1952年，斯大林亲自签署了“设计与建造627型核潜艇”的命令，经过一系列研究和试验之后，该型核潜艇的最终设计方案终于在1954年定型。

之后，苏联政府便开始组织大规模人力与物力进行第一代N级（627型）核潜艇的前期准备工作。1957年9月，该级的三号舰K-8号核潜艇开工建造，1959年下水，1960年开始进入苏联北方舰队服役。

K-8号核潜艇为双壳体，它的水上排水量为3065吨，水下排水量为4750吨，潜航深度有310米。潜艇全长107米，全宽为7.9米。

在服役期间，K-8号核潜艇曾发生过多次事故。

1963年10月份，这艘核潜艇在巴伦支海进行水下航行训练的时候，艇上的轮机系统出现了故障。当时，一回路补偿器中使用的是氮气。事故出现以后，一回路的冷却水和氦气大量向反应堆舱和主机舱泄漏，致使潜艇遭受了核污染。不过，潜艇艇员迅速采取了积极的措施，才避免了核反应堆爆炸以及更严重的核泄漏发生。此次事故致使艇上 118 名艇员遭受了核辐射。其中，患上了放射性疾病的 13 名艇员中有好几个人在事发后一年内相继死亡。

事后，苏联政府公布了这次核事故，从而成为了苏联海军史上第一次正式对外界公布的核潜艇事故。

1970 年 4 月，苏联海军北方舰队、太平洋舰队、波罗的海舰队、黑海舰队在西班牙近海附近的比斯开湾举行代号为“海洋 70”的联合军事演习。

4 月 8 日下午，K-8 号核潜艇结束了演习活动，开始返回北方舰队的基地。在返航途中，潜艇的两个舱室突然发生了火灾，大火产生的烟雾迅速弥漫到了整个潜艇之中。艇上事故自动安全系统在受到火灾的感应后自动启动，使得两座核反应堆自动停止了运转。

虽然有毒气体在艇上不断蔓延，但全艇艇员还是对着火的舱室奋力进行了扑救。由于没有消防以及救生设备，艇上有限的灭火器根本扑灭不了大火。

到 4 月 9 日，大火造成的烟雾和有毒气体已经弥漫了全艇。于是，艇长下令将核潜艇上浮至水面，并组织部分艇员继续灭火。

但是，大火直到 4 月 10 日依旧没有被扑灭。艇长只好让大部分艇员集中到甲板上等待救援，一些艇员仍然留在艇内灭火。

当天，一艘保加利亚籍轮船发现了这艘漂泊在海面的苏联核潜艇，然后将这一信息通报给了苏联政府。苏联海军接到报告后迅速派遣北方舰队的救援船以及空军的图 -95 飞机参与了营救潜艇的行动。很快，苏联空军的图 -95 飞机发现了 K-8 号核潜艇，然后将潜艇坐标通报给附近的苏联与保加利亚渔船以及其他民用轮船。

当晚，保加利亚籍民用轮船“阿维奥尔”号营救了部分核潜艇艇员。但此时，K-8 号由于连续几天的大火，其耐压艇体在高温下出现了裂缝，外面的海水因此逐渐渗入了潜艇内，致使潜艇严重浸水并开始倾斜。

在这种情势下，苏联海军决定将K-8号潜艇拖回基地。

4月11日清晨，“立陶宛共青团员”柴油机船进入作业位置，开始拖带K-8号艇。当时海面上出现了很大的海浪，致使多次抛射脱钩都以失败告终。后来，拖带缆挂住潜艇后，还没有拖带多长时间，拖带缆就被崩裂，核潜艇再次下沉。由于天气的原因，这次拖带作业宣告失败。11日晚上，“卡西莫夫”号救援船靠近潜艇，又营救了20多名艇员。与此同时，K-8核潜艇指挥员开始销毁所有密码与机密文件。

到4月12日凌晨，苏联“卡里同·拉普捷夫”号水文调查船靠近K-8号潜艇，疲惫的艇员将其误认为美国侦察船而拒绝让他们施救，营救船为了防止撞船而被迫离开了核潜艇。

K-8号潜艇很快就失去浮力，最终沉入了比斯开湾将近5000米深的海底。当潜艇在沉没之际，副艇长拒不执行弃艇的命令，随同K-8号一起沉入了海底。部分艇员散落在潜艇沉没的附近水域。人们在进行营救时，发现了艇长，然而不断出现的海浪将艇长淹没，营救人员仅仅得到了潜艇的战斗日记。

在营救期间，美国与英国的侦察飞机也在潜艇出事的空域进行了监视侦察活动。苏联海军还在该海域发现了一艘不明国籍的潜艇，这艘潜艇被苏联海空军驱赶了两个多小时。

这次核潜艇事故总共造成了52名艇员死亡。此外，沉入海底的还有2枚装备了核弹头的鱼雷。

事后，苏联政府高层签署了密令，为K-8号潜艇艇员颁发了勋章与奖章，所有生还的以及死亡的军官都被授予了“红星”勋章，其余生还的现役士兵则被授予了“乌沙科夫”奖章，在事故中遇难的艇长别索诺夫中校被追授为“苏联英雄”。

在此次事故发生以后，侥幸生还的部分艇员被分散到各个舰队继续服役，还有一些人则离开了海军。

苏联方面在调查过程中，始终没有查明这艘核潜艇发生火灾的原因。此次事故一直被苏联海军严密控制，直到苏联解体后，事故的详细情况才逐步为世人所知。K-8 号核潜艇的残骸也没有被打捞出来，现在依旧躺在海底。

在这次核潜艇沉没事故中幸存的原苏联太平洋舰队参谋长法利列耶夫中将在回忆该艇发生事故的情景时，曾感慨道："在核潜艇上，其实火灾事故造成的后果往往比反应堆事故造成的后果更为严重……"

此话不无道理，对于核潜艇来说，核潜艇内部的火灾往往更容易造成人员的伤亡与潜艇的沉没，K-8 号核潜艇正是如此。

3 苏联K-171号弹道导弹核潜艇事故
——惊险至极的操作失误

在美苏的争霸史上，曾有多次偶然的事件差点成为了世界核大战的导火索，这其中就包括 K-171 号核潜艇发生的事故。

1977 年 9 月 17 日，苏联海军核潜艇 K-171 号正在西太平洋堪察加半岛附近的海域进行正常的行驶。跟往常一样，中尉帕夫洛夫要对艇上的弹道导弹发射舱进行日常的检修活动。

K-171 号核潜艇属于苏联海军从 20 世纪 70 年代初开始设计建造的第三代弹道导弹核潜艇"D"级核潜艇。而 D 级就是在苏联 Y 级弹道导弹核潜艇的基础上改进而来的一级核潜艇。

这艘核潜艇是 D 级 667B 型。这种型号的核潜艇携带有 12 枚 R-29 型潜射弹道导弹，该型导弹的长度为 13 米。每枚导弹的质量为 20.4 吨，装有一枚当量为 80 万吨的核弹头，最大射程为 7800 千米，圆概率误差为 400 米。R-29 型导弹是苏联第一批带有两级火箭发动机的潜射弹道导弹，弹上装有天文 / 惯性制导系统。由于这种导弹的射程很大，因此它不需要远涉重洋到美国本土附近的海域从事作战巡逻活动，只需要在一定的区域内进行作战巡逻，就能够对美国构成重大的战略威慑。

K-171 号核潜艇在 1973 年 1 月由苏联北德文斯克造船厂开始建造，1974 年 8 月下水，1975 年初正式开始服役。1976 年，这艘核潜艇被划归到苏联太平洋舰队。

在服役期间，K-171 号还进行过越洋航行活动。1976 年年初，该艘核潜艇与 K-469 号潜艇从苏联北方舰队出发，穿越大西洋，目的地是太平洋舰队的基地。在大西洋，两艘潜艇航行时仅相距 18 链。它们在不同的高度一起通过了德雷克海峡，同时保持着频繁的水下联系。两艘潜艇分别在太平洋穿过了赤道，并通过不同的路线到达了苏联远东地区的堪察加半岛。它们在当年的 3 月到达了会合点，两艘潜艇花费了 80 天，总共航行了 2 万多海里。

此次远洋航行之后，K-171 号继续在太平洋舰队进行正常的训练航行活动。而在检修的过程中，帕夫洛夫发现导弹发射舱右舷三号发射管的电路存在着故障。于是，他开始对其重新进行接线。就在这个过程中，帕夫洛夫出现了操作失误，发射点火装置忽然被启动。

这时，导弹通了电，紧接着导弹的第二级发动机点火。巨大的轰鸣声之后，装载核弹头的弹道导弹强行撞开了潜艇发射管的盖板，从潜艇冲出之后便腾空而起不知去向了。与此同时，通过发射管，大量的海水涌进了艇内，核潜艇因此而开始了下沉。

导弹的巨大轰鸣声将全体艇员都惊动了。最开始，艇长以为是导弹舱发生了爆炸，后来才知道有一枚核导弹因为帕夫洛夫的失误被意外发射出去了。

在得知实情后，艇长差点昏了过去。因为此时美苏还在冷战，这枚核导弹假如按照预定的飞行路线飞行，那么必然是飞向了美国本土。导弹上面的核弹头的威力足以将美国一个大城市彻底毁灭掉。美国一旦遭受核袭击，肯定会进行核报复，核战争似乎就不可避免了。

为了防止出现这样的核灾难，艇长马上下令启动导弹上的自毁装置，不出意外的话，导弹就会按照自毁程序坠毁。最终，核导弹上的保护装置发挥了关键的作用，核爆炸没有发生。此后，苏联海军展开了大范围的搜索行动，直到两个月后才将坠毁的核弹头安全回收。

这次事故在苏联时期是严格保密的，直到 20 世纪 90 年代才被人所知。实际上，K-171 不止发生过这一次严重事故，1978 年还发生反应堆泄漏事故。

1978 年 12 月，K-171 号弹道导弹核潜艇还是在太平洋海域进行潜航时，艇内的涡轮机发生了故障，大量反应堆冷却水出现泄漏。但是当时艇长罗莫夫不想因为此事而影响自己的前途，因此命令艇员不得向上司报告潜艇出现的问题。

因为根据当时苏联海军的惯例，核潜艇只要出现事故，首先就要追究艇长的责任。所以，很多艇长在面对潜艇出现的事故时，经常是自己想办法来处置。除非依靠自身的力量难以控制住事故，否则在一般情况下，艇长是不会向外界寻求救助的。

为了控制住核泄漏，罗莫夫艇长亲自带领几名艇员进入了反应堆舱，想要将其修理好。但是，几个人在进行维修的时候，高温蒸汽回路管道忽然发生爆裂，大量高温、高压蒸汽顿时泄漏出来，这使得包括艇长罗莫夫在内的几个人当场就被灼伤。

后来，他们试图通过应急电话向邻舱的艇员求救，但由于泄漏的高压蒸汽使反应堆舱的舱压迅速升高，邻舱的艇员无法从外部将舱门打开。于是，几个人在高温、高压之下痛苦地死去了。

最终，K-171 核潜艇航海长指挥艇员对核反应堆实施了紧急停车，这样才使得全体艇员转危为安。

4 苏联K-219号核潜艇事故
——发生在大西洋海底的事故

1986年9月3日，在艇长伊戈尔·布里坦诺夫的带领下，苏联海军的K-219号核潜艇离开苏联北方舰队的加迪耶夫基地，驶向北大西洋，开始进行海上巡航任务。

K-219号核潜艇属于苏联Y级（667A扬基级）弹道导弹核潜艇。该级核潜艇装备有两座压水反应堆，分置左右两舷。每艘核潜艇可以携带16枚R-27型导弹。该型导弹使用液体推进剂，最大射程能够达到3000千米，每枚导弹上还携带有当量为100万吨级的核弹头。

K-219号潜艇排水量达到9300多吨，艇员有119名。这艘核潜艇刚刚下水时潜航速度是每小时55千米，但经过了一段时间的服役之后，航速只能达到每小时45千米了。在这艘核潜艇的10个舱中，4号舱为前导弹舱，潜艇上的16个导弹发射井都设在这个舱里。每个发射井的直径都超过1.5米，高10米以上，各装有一枚弹道导弹。这些导弹以二氧化氮与联氨做燃料。这两种挥发性液体一混合就极易燃烧。二氧化氮遇上普通海水会产生强力硝酸，这种硝酸几乎能腐蚀任何物质。其实，K-219潜艇服役之初，导弹舱就曾经发生过爆炸事故，一名艇员被炸身亡，海水涌进了发射井。最后，经过几番周折，艇员们才将潜艇浮出水面，然后排掉了发射井里的海水。

到了10月3日，K-219号核潜艇已经在北大西洋进行了两个多星期的巡航。这时，它正按照计划向南驶往百慕大附近，去接替另一艘潜艇。

这天，武器控制官阿列克舍·彼查奇科夫在检查了导弹舱6号发射井的水位计之后，发觉舱里渗水的情况已经变得越来越严重，原本每天抽水两次就可以了，但现在已远远不够了。

当晚，K-219 发现有一艘潜艇正在后面跟踪自己。艇长布里坦诺夫决定将潜艇下沉之后再急转弯，迫使后面的潜艇暴露自己的行踪。于是，K-219 号陡然俯冲，然后猛烈倾斜。就在两艘潜艇之间的距离越来越近的时候，K-219 号潜艇的艇员忽然听到一阵低沉的爆炸声，潜艇开始倾斜，6 号发射井响起了异常尖锐的警报声。很快，化学烟雾探测器的红灯也亮了。

原来，渗透到 6 号发射井里的海水逐渐与导弹燃料相混合，然后发生反应形成了硝酸，硝酸浸入了弹道导弹中。核潜艇在逐渐上升，而爆炸随时都有可能发生，一场巨大的灾难也正在逐渐逼近。

于是，彼查奇科夫抓起船上通话系统的麦克风通报 6 号发射井的状况。接着，彼查奇科夫努力转动 6 号发射井上那红色的把手，想要打开发射井的舱门。那个舱门要花几分钟时间才打得开。化学烟雾报警器继续响个不停。为了安全起见，导弹库所有的防水舱门都被关上了，以防止危险蔓延。全体艇员也都戴上了氧气罩。

这时，潜艇在上浮过程中，艇内忽然发生了猛烈的爆炸，6 号发射井的舱门被炸开了，导弹残骸和两枚弹头都在巨大的力量下掉进了海里，海水夹着钚碎片以及导弹燃料，像瀑布般从本来是发射井舱门的那个破洞奔腾而出。这次爆炸造成 4 名艇员死亡，多名艇员受伤。潜艇停止了上升，然后变得失控，开始向北大西洋的海床直沉下去。

1986年春天从直升机上拍下的K-219在巴伦支海上的照片

在危急关头，艇长布里坦诺夫命令艇员将中央压载水舱里的水排出，如此 K-219 号潜艇才停止了下沉，开始向上浮升。不久，潜艇成功浮出了水面。

此次爆炸使好几个舱都充满了毒气，并开始渗入 8 号舱。布里坦诺夫别无选择，只得命令艇员撤退到 9 号与 10 号舱，并通过太平门将剩余艇员都转移到了潜艇的甲板上。

早些时候，艇长布里坦诺夫就曾向苏联舰队总部告急。苏联海军调派了 3 艘商船前来救援。很快，商船就撤走了所有的艇员。布里坦诺夫命令所有人离开潜艇，只留下了一部分艇员。“克拉斯诺瓦德斯”号奉命把 K-219 号核潜艇拖回去。

但是，当核潜艇被拖拽到途中的时候，拖曳缆断了，K-219 号再度漂流在海中。当时，他们所在的地方离几个大型美国海军基地已经不远了，但是离苏联以及华沙条约国的海军基地还十分遥远。在这种情况下，艇长只好遵照莫斯科方面的决定，将 K-219 号核潜艇放弃。

第二天清晨，莫斯科派来的货船派出一艘汽艇把潜艇上余下的人员全部接走了。不久，剩余的艇员都登上汽艇，只剩下布里坦诺夫一人，他决心一个

K-219号核潜艇事故救援现场

人把这艘潜艇弄沉。他先把 3 号舱的通海阀门打开，让艇慢慢下沉，再到艇头把其中一个水雷发射管和内栓打开，让海水迅速灌进来。在 3 艘货船灯光的照明下，布里坦诺夫爬上了艇桥，割下 K-219 号的军旗，塞进身上的衣服里面，然后利用核潜艇上的救生艇，离开了这艘即将沉没的核潜艇。

在所有艇员都转移到商船上之后，K-219 号核潜艇很快就沉没在了百慕大东北约 1000 千米的海域，它沉没的海域深度为 5000—6000 米之间，随同这艘核潜艇一同沉没的还有 16 枚携带着核弹头的弹道导弹。

K-219 号核潜艇虽然沉没在了大西洋海底，但此次事故却震惊了世界，引起了很多国家的深切关注。事后，苏联方面对此次核潜艇事故进行了长时间的调查，想要弄清其沉没的真正原因，但直到今天 K-219 号核潜艇的沉没仍是一个谜。

有人推断这艘核潜艇之所以沉没是因为导弹燃料渗漏，使得若干个艇舱同时起火，进而发生爆炸，再加上外部海水涌入以及核反应堆发生异常，所以才会沉没。

K-219 号发生事故后，艇长布里坦诺夫果敢地带领大部分艇员安全脱险。但是，他在回到苏联后却被开除了党籍，并被指控犯有渎职罪、故意破坏罪以及叛国罪，而此案后来也是不了了之。

5 苏联K-192核潜艇事故
——严重的核泄漏事件

1989 年 6 月 25 日，苏联核潜艇 K-192 号（原 K-131 号）在返回科拉半岛加德日耶沃基地途中，潜艇上的两座反应堆竟然一同出现了事故。

这艘发生事故的核潜艇属于苏联 E- Ⅱ级（675 型）巡航导弹核潜艇。苏联研制该型核潜艇的主要目的就是为了在300千米以外的距离对美国航母机动编队实施打击。因为到20世纪50年代中期，美国海军航母机动编队的防空圈直径扩大为了250—300千米。所以，为了反制美国的航母编队，苏联海军就开始设计一种能够装备射程超过300千米的巡航导弹的核潜艇。于是，E-Ⅱ级（675型）巡航导弹核潜艇便应运而生。该型核潜艇也成为苏联批量建造最大的巡航导弹核潜艇。

K-192号核潜艇装备有两座压水型反应堆，以及8枚巡航导弹。其在1964年开工建造，1966年下水并开始正式服役。当这艘核潜艇发生事故时，它正处在挪威海西北100千米，熊岛以南约350千米的地方。艇员在进行检查的时候，发现一回路出现了泄漏。于是，核潜艇马上就上浮到了水面。

由于一回路的泄漏，核反应堆里面的冷却剂液面快速下降。为了防止反应堆温度升高，全体艇员开始从潜艇的淡水箱中引水来补充冷却剂。但是，反应堆没有被马上关闭，这使得由于泄漏而被污染的水流被排到了大海中。因此，辐射等级无法加以测定。

当潜艇内的淡水用尽之后，潜艇艇员通过一条从苏联货轮“康斯坦丁·尤恩”号上接来的管子继续为反应堆提供冷却剂支持。后来，K-192核潜艇的反应堆被关闭，潜艇就依靠本身的柴油发动机沿着芬马克海岸驶向了科拉半岛。

到6月26日早晨，艇内冷却剂的温度已经高达150℃，但当天晚上就下降到120℃，次日进一步降到108℃。很快，艇员在潜艇周围的区域就发现了放射

苏联K-192核潜艇

性碘的同位素泄漏现象，后来在芬马克海岸附近再次发现这一问题。

同时，苏联北方舰队的“阿穆尔”号也赶来救援K-192号核潜艇，这是一艘装备了特种液体放射性污染物处理装备的技术保障船。随后，已经泄漏的带有放射性的冷却剂被转移到“阿穆尔”号上，存放在了液体放射性废弃物的处理设备内。

6月26日，K-192号核潜艇的艇员想要封堵一回路的泄漏。为了达到这一目的，“阿穆尔”号的冷却剂支持系统被临时关闭。当时，人们对于关闭冷却剂供应到底需要多长时间才能解决问题还不能确定。但是，负责监视冷却剂供应的人却擅自离开岗位去吃饭，居然“忘记”再次开启冷却剂供应。后来，此人辩解说自己实际上不是真的忘了，而是在等待再次开启冷却剂供应的命令，但是一直到晚饭前，自己都没有接到过相关的命令。

在冷却剂流失的情况下，K-192号潜艇核反应堆的温度开始升高，报警器也响了起来。这时，艇员马上再次打开冷却剂供应，但为时已晚。冷却剂的再次供应导致燃料组件由于温度过高而开裂，水流与铀燃料直接发生了接触。那些遭受了重度污染的水被排到“阿穆尔”号上，致使污染处理设备损坏。

接着，这些水又被直接排进了大海。人们对从这艘核潜艇排放到海中的污染水的放射性水平以及具体数量还不清楚。唯一确定的是核潜艇在北角和科拉海岸一带，距海岸12海里以上的国际海域造成了核污染。

6月28日，K-192号核潜艇到达苏联位于阿拉湾的加德日耶沃海军基地。在基地，人们测量被污染的冷却剂的放射性每升为0.3居里（放射性活度的非法定计量单位，1居里$=3.7\times10^{10}$贝可），共计74兆贝可，2000居里。艇员遭受的辐射剂量高达40毫希沃特（4伦琴）。

此后，K-192号核潜艇一直停靠在科拉湾基地。1994年，这艘潜艇被拖至“北方机器制造企业”海军基地。人们将压缩空气充入核潜艇的壳体，以此来维持潜艇的浮力。由于该潜艇核反应堆的燃烧组件已经损坏，因而无法按照标准程序从已损坏的反应堆内取出燃料组件。所以，等待这艘核潜艇的命运就只能是停在基地里慢慢生锈了。

6 苏联K-278核潜艇事故

——唯一一艘可以下潜千米的钛壳体潜艇

到了20世纪六七十年代以后，美苏之间的冷战达到了高潮。此时，苏联海军不遗余力地发展大深度潜艇的研制工作。于是，苏联红宝石设计局就设计出了“麦克”级685型核潜艇。

该级核潜艇只有一艘，这就是K-278“共青团”号核潜艇。这艘核潜艇的主要任务是进行一些重大技术的实验与验证工作，对敌方的核潜艇进行探测、监视和长期跟踪，阻止和打击敌人的航空母舰机动部队和水面舰艇，破坏敌人的海上交通线等等。除了这些，它还有一个特殊的用处，那就是在紧急情况下被用来作为北方舰队的水下指挥部。

K-278号核潜艇于1978年开始动工建造，1983年下水，1984年被编入苏联北方舰队潜艇舰队第1支队开始正式服役。

该艇艇长117. 5米，宽10.7米，吃水8米，标准排水量为5700—5880吨，水下满载排水量为8500吨。潜艇采用了水滴线形外形，双壳体结构，并且在S级潜艇的基础上，加大了内壳与外壳的间距，这样既减弱了潜艇内机械振动噪音向外传播，增加了潜艇在航行中的安静性，又减小了遭受攻击时对艇内的破坏。

这艘用钛合金建造的核潜艇共划分为7个舱室，在鱼雷舱有6个533毫米鱼雷发射管，可以用来发射带有核弹头的鱼雷以及潜射巡航导弹。反应堆舱装备有苏联研制的第三代压水型反应堆。为了确保艇员能够在紧急情况下安全逃生，K-278号核潜艇还专门设置了救生区域，并配有一个救生用的漂浮救生舱。这个舱可以容下所有艇员，使用深度为1500米，可在紧急情况下搭载全体艇员浮出海面。

在试验运行的过程中，这艘核潜艇曾经下潜至 1250 米的深度，从而创造了战斗潜艇潜深的世界纪录，大大超过了任何一种西方建造的潜艇的下潜深度。

这艘核潜艇自从服役以后，在 5 年的时间里基本上没有发生过事故。但是 1989 年的一次事故却让它永远留在了深深的海底。

1989 年，就在出发前的例行检查中，人们发现移动氧气调节阀存在着严重的隐患，需要马上进行维修工作，但是因为出发时间十分紧迫，因此修理工作不得不推迟到潜艇返回基地后再进行。

这年的 2 月份，瓦宁海军上校率领 K-278 号潜艇的全体艇员出海执行任务。他们在任务完成后，开始返回基地。4 月 7 号这天，这艘核潜艇正在 350 多米的深度上航行，运行状态良好，这种良好的状态一直维持到了挪威海北部熊岛的附近海域。

上午十点多，核潜艇的艉舱忽然发生了火灾。很快，火势就在潜艇内不断蔓延，潜艇指挥中心响起了急促的警铃声。艇内仪表上的度数清楚地显示出，位于潜艇尾部的 7 号舱内温度已经远远超过了最初的数值。舰长瓦宁上校和军官们马上赶到了中心控制室，下令全艇处于警戒状态，并封死舱室之间的艇壁以减缓火势的蔓延。

苏联K-278核潜艇

为了尽快灭火，艇长

瓦宁上校命令6号舱的海军准尉弗拉迪米尔·科洛蒂林打开7号舱的氟利昂阀门。在6号舱里，准尉弗拉迪默·科洛蒂林倒是按照命令打开了氟利昂阀门，但是并没有起到明显的效果。

原来，氧气调节阀一直就存在着隐患，火灾发生时，它的周围聚集了大量的氧气。之后，一个根本就微不足道的短路电火花引起了剧烈的爆炸，高压空气于是就从破裂的管道中喷发出来，这样便加速了火势的蔓延，即使是大量的氟利昂气体也难以熄灭这样的大火。结果，7号舱就在高压空气的鼓动下，温度变得越来越高，超过了500摄氏度。不仅如此，越烧越旺的火势很快就威胁到了6号舱。过了一段时间，艇内的火势更为凶猛，浓烟和有毒气体使艇员呼吸越来越困难。由于“共青团员”号上没有准备充足的石棉手套、防火衣物及面具，艇员们只能用手扯掉电线，扑打仪表盘上的火苗，情况万分危急。

在潜艇5号舱内，核反应堆的循环冷却系统管道也开始冒烟，甚至还出现了零星的火花，艇长下令关掉反应堆与发动机。这样做是非常冒险的，因为潜艇只要失去了动力，就会迅速下沉，而潜艇里的放射性物质将很有可能给这片海域带来巨大的核污染。

幸运的是，随着潜艇压舱物重量的减轻，“共青团员”号摇晃着开始了上浮。上午11时16分，“共青团员”号终于艰难地露出了海面。潜艇指挥员将一份加密求救电报马上发往位于斯维尔摩斯克的苏联北海舰队总部，然而却没有收到任何回复。直到12时25分，“共青团员”号才收到舰队总部的回电，电文上通知他们：海军正在设法了解离潜艇最近的海面上有没有苏联渔船，估计需要一个小时左右的时间才能掌握这一情况。一架远程巡逻机也已经起飞，正在向潜艇出事海域飞行。另外，海军还派出了一艘潜艇营救船、一艘远洋拖轮以及“基洛夫”号巡洋舰，从摩尔曼斯克海港附近的海军基地出发，赶赴潜艇出事地点，进行营救活动。同时，一艘捕鱼供给船“厄拉克塞”号接到命令后也在驶向出事海域。

到14时40分，距离K-278号核潜艇发生大火已经将近4小时。这时除了7号舱，所有舱室的火都熄灭了。苏联的远程巡逻机已经飞抵潜艇上空盘旋，并用无线电告知艇员附近的苏联渔船正在赶来营救。

正当人们庆幸将要逃出劫难时，一连串的爆炸声突然从7号舱传来，令苏联人为之骄傲的钛合金艇体被炸裂了，大量的海水灌入了舱内。很快，整个核潜艇就变得倾斜，艇头朝上，艇尾朝下，然后开始了下沉。

于是，停留在甲板上的幸存艇员竭尽全力从核潜艇上解下橡皮救生筏来准备逃生。但是，一个救生筏没有按设计的那样充气并展开，被几个大浪拍落在了大海中；另一个救生筏虽然自动充足了气，但却反扣在海面上。此后，飞机虽然丢下很多救生筏，但不是扔得过远，就是没有充气，因此很多艇员都在海浪的拍打下丧生了。

在潜艇下沉的时候，艇长瓦宁上校开始命令所有还在艇内的艇员马上进入救生舱，以便在海水涌入之前关上舱门。救生舱离开潜艇以后，包括艇长瓦宁在内的五个人成功上浮到了海面，但由于救生舱密封性存在着问题，因而最后仅有一名艇员幸运地活了下来。

在K-278号核潜艇内部的火灾发生了数个小时之后，潜艇依然能够漂浮在海面上。最后，该艇的艉舱进水，沉没在了距离挪威340多千米、水深

K-278号核潜艇遇难艇员纪念碑

为1685米的海底深处。

在这次核潜艇沉没事故中，有42名艇员丧生，部分艇员获救。对于该艇发生火灾的原因，苏联方面始终未能查明。人们比较一致的看法是，该艇出现火灾的可能原因是液压操舵泵站启动设施的电气设备起火，或者是由于滑油离心分离系统设备出现的火情。艇内的易燃材料在被大火点燃以后，在高温的影响下，几乎在很短的时间内就将高压空气总管的密封件破坏。当高压空气冲入舱内后，使得舱内火灾更为剧烈，最终导致海水进入耐压壳体内，潜艇在丧失了纵向稳定性后开始了下沉。

K-278号核潜艇沉没后，苏联政府曾利用“和平”号和“科尔德什”号载人深潜器在其沉没的地点进行了十多次水下调查活动。经过对采集的海水样品、海底泥土试样以及生物样品进行放射性强度化验结果表明，K-278号核潜艇在海底没有发生放射性泄漏，其对周围的海洋环境以及水下生物也没有造成不良的影响。

苏联政府由于缺乏资金，再加上打捞困难，另外就是担心在打捞过程中会发生意外的事故，最后决定放弃打捞K-278号核潜艇残骸，让它暂时沉于海底，用混凝土浇灌封存，从而形成了一座海底石棺。等到将来各方面的条件成熟了，再将它打捞出来。

上篇 核武风云

第六章 中东核危机

恩恩怨怨几时休

在关系错综复杂的中东地区，人们不仅会将石油、民族、宗教、军队当做争夺地区霸权与利益的武器，还会将核武器当做自己的强大筹码。以色列人、阿拉伯人、波斯人，他们都有着光辉的历史，都有着复兴本民族的强烈愿望。中东的多民族、多宗教、多利益的现状，让和平进程成为了遥不可及的美好愿望。于是，生活在这里的人民不仅要遭受常规武器的伤害，更要在核阴云的笼罩下时时惊惧不安。

1 中东问题的演变
——列强争霸的历史产物

十六七世纪的时候，部分西欧国家为了积累原始资本，发展资本主义经济，开始向广大的亚非拉地区进行殖民扩张活动。他们在从西欧向亚洲扩张的时候，根据当时掌握的地理知识，以西欧为起点，按照地理距离的远近将东方的不同地区划分为了近东、中东与远东这三个地域版图。

目前，狭义的中东大致指西亚那一带的国家与地区，包括伊朗、伊拉克、以色列、约旦、科威特、黎巴嫩、沙特阿拉伯、叙利亚、巴勒斯坦、阿拉伯联合酋长国等国家和地区。而广义的中东，除了西亚，还包括北非那些国家，比如埃及、利比亚、阿尔及利亚等。

在这个地区，由于有着众多的民族，不同的宗教派系，优越的地缘优势以及复杂的利益关系，因而历代都是兵家的必争之地、强国的必夺之域。

按照《圣经·旧约》的记载，闪米特人是犹太人与阿拉伯人的共同祖先。源于共同祖先的血统而繁衍生息了的犹太人和阿拉伯人，在长期的历史过程中相互融合发展。

犹太人最初称为希伯来人，他们在迁入巴勒斯坦地区后，曾经建立过希伯来王国，后来王国分裂为了犹太王国与以色列王国。后来，以色列王国被亚述人所灭，犹太王国则被巴比伦人攻灭。此后，这里又先后被波斯帝国、罗马帝国占领。

特别是在罗马人统治期间，犹太人发动起义，想要推翻罗马人的统治，但没有成功。失败后，绝大部分犹太人被赶出了巴勒斯坦地区，从而流散到了欧洲各地。即便如此，到处漂泊的犹太人虽然语言与风俗习惯被同化了，但是依然坚守着本民族的宗教信仰，从而一直保持着犹太民族的独立性。

罗马帝国分裂后，中东地区就成为了东罗马帝国（即拜占庭帝国）的领地。7 世纪初，在伊斯兰教兴起后，各个阿拉伯部落在伊斯兰教的旗帜下完成了统一，然后开始迅速向外扩张，最终控制了巴勒斯坦地区。接着，阿拉伯人就不断迁入该地区，在与当地土著人相互融合的过程中，现代的巴勒斯坦阿拉伯人就逐渐形成了。

阿拉伯帝国衰落之后，这里又先后被花剌子模、蒙古人、马穆鲁克所统治，直到 16 世纪初又成为了强盛的奥斯曼土耳其帝国的一部分。

奥斯曼土耳其帝国在极盛时期，曾经拥有过以前拜占庭帝国和阿拉伯帝国的大部分地区。但是，这个强大的帝国发展到 18 世纪之时也开始逐渐衰落。尽管如此，到一战前夕，奥斯曼土耳其帝国仍然拥有着亚洲地区的广大阿拉伯地区的领土，包括叙利亚、黎巴嫩、伊拉克、巴勒斯坦以及阿拉伯半岛等地区。

19 世纪初，英、法等西方列强的势力已经侵入西亚地区。与此同时，沙皇俄国也在觊觎着奥斯曼土耳其帝国的部分领土。而后起的德国也想要从中分一杯羹，并大有取代英法等国家的趋势。1914 年，德国和奥斯曼土耳其由于要面临共同的威胁，因而签订了同盟条约。第一次世界大战爆发以后，奥斯曼土耳其成为了同盟国的一员。

一战以后，同盟国战败，腐朽不堪的奥斯曼土耳其帝国也分裂为多个国家，形成了今日的阿拉伯世界以及土耳其共和国。很多中东国家在一战后名义上是获得了独立，但实际上还是被划入了英法等西方列强的势力范围。比如卡塔尔、科威特、阿拉伯联合酋长国先后沦为了英国的“保护国”，伊拉克、外约旦、巴勒斯坦成为了英国的“委任统治地”，塞浦路斯则直接沦为了英国的殖民地。而另一个西方大国法国也以战胜国的身份获得了对叙利亚、黎巴嫩等国家的“委任统治权”。

与此同时，战后世界政治版图的改变，使得犹太人梦寐以求的复国梦有了实现的希望。

原来，早在19世纪末，居住在奥匈帝国境内的维也纳记者和剧作家西奥多·赫茨尔等人就发起了锡安主义运动（又称“犹太复国主义运动”），号召散落在世界各地的犹太人返回巴勒斯坦地区，恢复犹太民族的生活方式。在这一口号的感召下，一些犹太人陆陆续续回到了巴勒斯坦定居。1898年以后，赫茨尔还积极进行一些外交活动，以求得一些国家对于犹太复国主义运动的支持。

在美国，犹太人不仅数量众多，而且在政治、经济领域有着重大的影响力。因此，美国政府一直都是非常支持犹太复国主义运动的。一战爆发后，英法等国始终都面临着德国巨大的军事压力，为了将美国拖入战争，英国政府也就投其所好，开始支持犹太复国主义运动。战争结束以后，大量的犹太人纷纷移居到了英国统治下的巴勒斯坦地区。

1922年，巴勒斯坦成为国际联盟的托管地，英国政府将其分为了两部分：东部（现约旦）为阿拉伯人居住地，西部则为犹太居民区。

20世纪30年代以后，以希特勒为首的纳粹党人登上了德国的政治舞台，进而发动了第二次世界大战。在欧洲，纳粹德国宣称犹太人是最危险的劣等民族，必须加以灭绝，因而对犹太人推行了惨绝人寰的种族清洗政策。在这种情况下，犹太人又掀起了一波回归巴勒斯坦地区的浪潮。

到二战结束的时候，已经有超过60万的犹太人生活在了巴勒斯坦地区。在该地区，犹太人数量的不断增加，引发了世代生活在此的阿拉伯人的不满，彼此之间的暴力冲突不断发生。英国政府为了安抚当地的阿拉伯人，从1939年起就开始制定严格的犹太人移民巴勒斯坦的政策，这引发了犹太复国主义势力的不满，于是，他们将复国的希望寄托在了新的超级大国美国身上。

二战以后，英国国力削弱，已无心再去管理巴勒斯坦问题，便结束了在该地区的统治，然后把这个问题抛给了联合国。

1947 年 11 月，联合国大会表决通过了《1947 年联合国分治方案》，决定将巴勒斯坦地区分为两个国家，犹太人占有 55% 的领土，阿拉伯人拥有 45% 的领土，耶路撒冷则被置于联合国的管理之下，以避免不必要的冲突。然而，这个明显偏袒以色列的分治方案不仅没有让该地区恢复和平，反而加剧了犹太人与阿拉伯人之间的矛盾。

1948 年 5 月，以色列宣布建国。对巴以分治方案不满的广大阿拉伯国家，如埃及、伊拉克、约旦、叙利亚以及黎巴嫩等国纷纷向以色列宣战，第一次中东战争由此爆发。在开始的时候，以色列寡不敌众，节节败退，关键时刻，美国政府帮了一把，以色列才转败为胜，并最终打败了阿拉伯联军，夺取了更多的阿拉伯领土，上百万巴勒斯坦人被赶出家园，沦为了难民。这次战争也成为了阿以问题的开端与导火索。

此后，以色列和周围的阿拉伯国家因为民族宗教矛盾、领土划分、水资源分配、犹太人定居点等问题又爆发了四次大规模的战争。在此期间，一些大国势力介入了该地区的矛盾冲突，使得阿以之间的矛盾变得愈加尖锐与复杂，中东问

第一次中东战争中的阿拉伯联军

题也成为了总是热度不减的重大地区问题。

随着时间的推移，以色列和阿拉伯国家之间的矛盾也从意识形态、领土、资源扩展到核能的利用问题上。

作为一个在夹缝中求生存的国家，以色列为了保证自己不被阿拉伯国家消灭，一方面积极向西方强国靠拢，以求得它们在政治上、军事上和外交上的支持与保护；另一方面也大力发展常规力量与核力量，以取得对其他阿拉伯国家的绝对军事优势。

到目前，以色列经过几十年的发展俨然成为了中东地区的小“超级大国”。在美国的默许下，以色列逐渐发展出了“三位一体”的核力量。同时，它还与美国一道积极阻止利比亚、伊朗、伊拉克、叙利亚等国家研制和发展核武器。

而中东的部分阿拉伯国家或者为了对抗以色列和美国的军事威胁，或者为了取得中东地区的领导权，或者为了维护自身的安全环境，在战后也均积极开展核武器的研发工作。西方大国对该地区事务的插手，也让核问题变得越来越复杂，核危机也就越来越严重。

在核危机不断加深的情况下，以色列和中东其他国家之间的恩怨纠葛就更加难以理清，民族和解，领土、水资源分配等问题短时间内难以解决，中东和平进程也就变得遥遥无期了。

2 1973年中东核危机——核战险些爆发

以色列正式建国以后，由于在领土、宗教等方面与周围的阿拉伯国家存在着长期的争端，因此阿以之间爆发了多次大规模的战争。特别是在第三次中东战争中，以色列利用空军和地面装甲力量对阿拉伯国家发动了闪电战，致使阿拉伯国家损失惨重。

最终，阿拉伯国家不仅损失了大量的军队与武器装备，埃及的西奈半岛、约旦河西岸、加沙地带、耶路撒冷旧城以及叙利亚的戈兰高地等总共6.5万平方千米的土地也都被以色列占领。从此，以色列在战略上取得了一定的优势。

此次中东战争没有让以色列获得持久的和平，反而使得其与周边阿拉伯国家之间的矛盾越积越深，不可调和。在战争中失败的阿拉伯国家也心有不甘，总想要一雪前耻。为了收复失地，埃及一直在积极进行军事准备工作。特别是萨达特担任埃及总统之后，大力发展军备力量，自行制定军事发展战略，增强民族自主性，团结广大阿拉伯国家，从而创造了极为有利的国内和地区形势。在第三次中东战争中，埃及、叙利亚两国损失了大片的领土，因此广大的民众更是强烈要求本国政府对以色列开战，收复曾经丢失的土地。

在国际上，埃及通过积极的外交活动，也得到了很多国家的支持与理解。1971年，埃及通过与苏联签订友好合作条约，从而获得了大量的武器装备。同时，埃及还得到了阿拉伯国家联盟、不结盟运动的参与国和非洲统一组织以

1973年10月8日，埃及士兵通过浮桥渡过苏伊士运河。

及部分欧洲国家的支持，而且很多国家都断绝了和以色列的外交关系。此时，西方国家又爆发了能源危机，对阿拉伯产油国的依赖程度越来越深。

在诸多有利的情况下，阿拉伯国家于 1973 年举行了多次首脑会议，共同商讨对以战争的战略，并统一了未来的作战思想。虽然约旦、伊拉克、黎巴嫩等国由于各种原因不想直接派兵参战，但是埃及和叙利亚还是决定在西南、北部两线同时向以色列发起大规模的军事进攻。为了使进攻能够出其不意，埃、叙两国制订了多种措施，对以色列进行战争欺骗行动。

1973 年 10 月 6 日，这一天是犹太人最神圣的赎罪日，同时也是伊斯兰教斋月的第 10 天。在这一天，犹太人按例从日出至日落是不吃、不喝、不吸烟的，他们要在家里或者去教堂做祈祷活动。公共机构停止活动，广播、电视也停播。以色列士兵大都也留在军营中，因此其防御力量在这一天是极为薄弱的。

事不宜迟，埃及和叙利亚两国就在这个特殊的日子里展开了大规模的军事行动，第四次中东战争由此爆发。

在西线，埃及军队首先出动了二百多架飞机对以色列在西奈半岛的军事设施进行了空中打击，同时利用隐藏在运河西岸沙垒后面的两千多门火炮，对以色列巴列夫防线的前沿工事以及后方目标进行了压制性射击。

紧接着，埃及地面部队在空军的掩护下，强渡苏伊士运河，一举攻破了以色列苦心经营多年、固若金汤的巴列夫防线。此后，以军的坦克装甲部队虽然想要发动反冲击，但最后被埃军粉碎。然后，埃军开始向以军纵深展开攻击。同时，埃军还出动了伞兵和突击分队以及海军力量对以军开展军事袭扰活动。以色列军队在损失了大量的地面装甲力量和作战飞机之后，陷入了极端被动的境地之中。

在北线，叙利亚军队当日也在空军和防空部队的掩护下，兵分三路向以军占领的戈兰高地发动了军事进攻。以军由于仓促迎战，损失惨重，特别是 188 装甲旅几乎是全军覆没。

战争爆发以后，伊拉克、科威特、约旦、阿尔及利亚、利比亚、沙特阿拉伯、苏丹、突尼斯、摩洛哥等阿拉伯国家也纷纷派兵参战。战争初期的巨大胜利，使得阿拉伯国家群情激昂，一扫以往阿以战争中的屈辱。

当时，担任以色列总理的是以色列建国元老果尔达·梅厄夫人。在 1969 年，梅厄夫人以 70 岁的高龄出任以色列第四任总理。成为该国的领导人后，她曾经积极奔走，希求通过外交手段来解决复杂的中东问题。

战争爆发之前，以色列情报机构虽然也侦测到了埃及和叙利亚的军事调动情况，并且收到了一些战争即将爆发的情报，但他们均没有加以重视，固执地认为两国不可能马上就对以开战。因此在战争初期，毫无防备的以色列遭受到了灾难性的损失。梅厄夫人认识到了战争的严重性，她向当时的美国总统尼克松求援："……以色列快要完了，救救以色列吧……"

同时，她和自己的政府参谋团队决定在紧急情况下利用携带原子弹的"杰里克"导弹和改装的 F-4E 鬼怪式战斗轰炸机对埃及、叙利亚、伊拉克的大城市以及重要战略设施进行核打击。此时，一场史无前例的核战争很有可能就要爆发了。

很快，美国就意识到了危险性，为了避免冲突升级，马上对以色列进行了大规模的物质援助与军事技术支持，这才令以色列扭转了战场的不利态势，最终迫使埃及和叙利亚停火。

实际上，早在建国之初，以色列就因为处于极为不利的地缘环境而秘密进行核武器的研发工作，以此来作为自己的战略筹码和优势。

1950 年，以色列成立了专门负责原子弹计划和管理的原子能委员会。同时，以色列还在魏茨曼研究院成立了一个同位素研究部，并且派遣以色列科学家到国外学习核能和核化学等相关领域的知识。1953 年，西蒙·佩雷斯担任以色列国防部办公

时任以色列总理的梅厄夫人

厅主任，他负责核武器的研发工作，并直接管辖以色列原子能委员会。

后来，以色列在美国、法国、南非等国的协助下，正式启动了核武器的研制工作。而最先和以色列展开核计划合作的是法国。

第二次中东战争爆发后，英国、法国和以色列联合对埃及进行军事进攻。英法在苏伊士运河进攻的时候受阻，后在美苏两国的强大压力下不得不宣布停火并撤军。孤军奋战的以色列在苏联的核威胁下，也被迫撤出了在西奈半岛的军队。

此次战争结束后，以色列和法国走得更近。在法国的帮助下，以色列很快就在南部贝尔谢巴附近的内盖夫沙漠中的迪莫拉（官方称内盖夫核技术研究中心）秘密建立了一个试验性核反应堆和一个钚生产车间，并逐渐掌握了钚分离技术。这里也成为了以色列核武器计划的中心，钚、锂 -6 氘化物以及浓缩和未浓缩的铀等研制原子弹所需的特殊材料都在是迪莫拉生产制造的。

1962 年，迪莫拉的重水反应堆达到临界状态。1964 年，分离钚的成套设备完成，并开始运转。1965 年，开始进行钚的提取工作。

曾直接管辖以色列原子能委员会的西蒙·佩雷斯

在以色列进行核武器研发的同时，当时的超级大国苏联觉察到以色列在核技术方面可能取得了重大的进展。为了应对以色列的核威胁，苏联想要联合埃及对以色列的迪莫拉核设施进行轰炸。苏联的核潜艇也开到靠近以色列的附近海域，想要在以色列使用核武器时对其进行核打击。然而，第三次中东战争爆发后，以色列军队进展神速，让苏联彻底打消了这个念头。

1968 年，时任以色列国防部

长的莫夏·达扬下令开始全面开展钚的分离工作，并生产核武器。到20世纪60年代末70年代初，以色列就已经拥有了可以进行实战的核武器，携带核弹头的导弹能够攻击大部分阿拉伯国家的首都。

时任以色列国防部长的达扬

第三次中东战争结束之后，南非成为了以色列新的核计划合作伙伴。1979年9月22日，两国在南太平洋联合进行了核试验。

到这里可以说，以色列虽然只拥有规模不大的核设施，但却技术全面，能够独立解决核燃料问题，并可以提取武器级的钚以及浓缩铀，基本上算是具备了有限的核武器生产能力。

直到今日，以色列已经成为了中东地区唯一一个具备陆、海、空三位一体核打击能力的国家，估计约有200枚的核弹头。

但是，以色列并没有在《不扩散核武器条约》上签字，在核武器问题上一直是以“模糊政策”来应对国际社会的诘难，既不承认也不否认拥有核武器。这在很大程度上和美国有着莫大的关系。美国政府为了维护自己在中东的战略利益，因而才默许了以色列核国家的地位，也没有要求以色列签署《不扩散核武器条约》。

3 伊拉克核计划——投入巨大，毫无结果

伊拉克是一个有着悠久历史的国家。在两河流域，古代勤劳的人民曾经建立过文明高度发达的巴比伦王国。此后，生活在这里的人们先后被波斯帝国、

马其顿帝国、阿拉伯帝国、伊儿汗国、奥斯曼土耳其帝国所统治。

一战结束以后，奥斯曼土耳其帝国瓦解，伊拉克虽然获得独立，但是成为了英国的托管地。1921年，费萨尔·伊本·侯赛因登基成为伊拉克国王，称为费萨尔一世。1932年，英国托管期结束之后，伊拉克正式成为了独立的君主制王国。1933年，费萨尔一世由于心脏病在瑞士伯尔尼去世，其子齐·伊本·费萨尔继位，称为加齐一世。1939年4月，加齐一世死于车祸。此后，加齐一世年仅4岁的儿子继承伊拉克王位，称为费萨尔二世。

在封建王朝统治期间，伊拉克虽然爆发了数次骚乱、政变以及种族叛乱，但费萨尔王朝的统治一直到1958年才结束。

到20世纪50年代，这个王朝在政治上追随西方大国，经济上则受到了列强的控制，特别是石油收入的70%都掌握在英、美等国家手里，人民生活困苦，阶级矛盾和民族矛盾异常尖锐。

1958年7月14日，伊拉克陆军准将阿卜杜勒·卡里姆·卡塞姆领导“自由军官组织”发动军事政变，推翻了费萨尔王朝，处决了费萨尔二世国王、政府首相以及许多皇室成员。

随后，伊拉克共和国成立，卡塞姆担任总理兼国防部长，阿卜杜勒·萨拉姆·阿里夫任副总理兼内政部长。卡塞姆在执政后，初期对内采取了一些进步措施来改善社会经济和人民生活，对外则退出巴格达条约组织，奉行不结盟政策。但是在取得一些成就后，卡塞姆就开始排斥并镇压其他民主进步党派，增加税收，以暴力手段解决民族问题。这些都使卡塞姆政府面临着一系列危机。

想拥有核武器的萨达姆

1963年，阿里夫发动政变，卡塞姆政权被推翻，卡塞姆本人也被处决。阿里夫开始担任总统，他的弟弟拉赫曼·

阿里夫担任陆军参谋长。

1968 年 7 月 17 日，以艾哈迈德•哈桑•贝克尔为首的阿拉伯复兴党军官集团推翻了阿里夫政府，贝克尔本人出任伊拉克政府总统。1979 年 7 月贝克尔因病辞职，复兴党成员、日后的军事强人萨达姆•侯赛因接任总统职位。

萨达姆集党政军大权于一身之后，一方面采取措施加强自己的统治基础，另一方面则积极推进本国的核计划，以增强地区争霸的实力。

实际上，伊拉克的核计划早在 20 世纪 50 年代就开始了。当时，在美国“和平利用核能”计划的帮助下，伊拉克获得了“曼哈顿”核武器研制计划的解密资料。1962 年，伊拉克政府又在苏联人的援助下，建成了第一个研究型核反应堆。

1968 年，伊拉克政府签署了《不扩散核武器条约》，次年批准了这个条约。这个条约在形式上限制了伊拉克发展核武器的企图。

但实际上，伊拉克并没有遵守这个条约。从 20 世纪 70 年代初起，伊拉克原子能委员会和核能部便在当时的副总统萨达姆的支持下，以发展民用核能为掩护，秘密地进行核武器的研制计划。

海达尔•哈姆扎是伊拉克核能部研究中心物理部的主要负责人，也是伊拉克核武器计划的创始人。他的计划是先从国外获取一个能够用于生产钚的核反应堆。当时，伊拉克还是《不扩散核武器条约》的缔约国，所以这个核反应堆就必须接受国际原子能机构每年的例行检查。为了躲避国际原子能机构的核查并影响它的某些决策，萨达姆费尽心机地将自己的亲信插入了该机构之中，甚至还让伊拉克的核物理学家担任了国际原子能机构的观察员。

1974 年，印度进行了核试验。之后，虽然国际社会加大了对核反应堆出口的限制，但是伊拉克还是从其他国家获得了两个高浓缩铀反应堆，目的是想要利用它们来照射铀元素以此制造原子弹所需的核燃料钚 -239。另外，伊拉克也可以学习一些核反应堆操作以及钚生产、提炼与制造方面的经验。

在一些场合，萨达姆本人曾经公开宣称，为了应对以色列的军事威胁，伊拉克需要发展核武器并得到帮助。

1975 年，曾经在欧洲粒子物理研究所工作过的核物理学家贾法·迪亚·贾法返回伊拉克，并成为了伊拉克核计划的负责人。而哈姆扎则负责反应堆的计划，国际著名的放射化学家哈桑·萨瑞斯坦尼负责钚的分离计划。

到 20 世纪 70 年代末，贾法启动了伊拉克第一个采用电磁同位素离心机技术来进行铀浓缩的计划。与此同时，伊拉克政府为了增强本国核武器的研发力量，还派遣了数百名科研人员到其他国家学习相关的核技术。

1979 年，伊拉克与意大利签订了建立一个钚分离和处理工厂以及一个铀提炼和燃料制造工厂的协议。同时，伊拉克从葡萄牙、巴西和尼日利亚获得了大量的铀矿。1980 年，伊拉克又从联邦德国获取了 10 多吨废铀金属，之后便将它们制成了核反应堆使用的照射棒。

当时，伊拉克除了采用电磁同位素离心机技术来进行铀浓缩计划以外，还启动了一个使用激光同位分离的铀浓缩计划，沙瓦·萨迪达哈负责这个新的计划。

贝克尔被迫辞职之后，萨达姆成为了伊拉克共和国的新总统、复兴党秘书长、革命指挥委员会主席以及武装部队总司令。有了更大的权力之后，萨达姆便可以更加有效地实施自己的核计划。但是，萨达姆本人对什叶派穆斯林的反感与打压严重影响了伊拉克核计划的发展。

1979 年 9 月，萨达姆要求伊拉克核计划负责人贾法与萨瑞斯坦尼拟定一个关于钚计划的报告，他期望能够尽快生产出一枚原子弹来。但这个时候，伊拉克科学家认为想要成功进行钚的提取与分离还需要几年的时间，制造出原子弹来更是遥遥无期。

负责钚分离计划的萨瑞斯坦尼由于表达了有悖于萨达姆的政治观点，同时他还是一个什叶派穆斯林，因而，他和他的家人都遭到了逮捕。其后，贾法想要从中劝阻，结果是同样遭到了逮捕。参与伊拉克核计划的科学家大多数属于什叶派穆斯林，因此这些事件对伊拉克核武器的研发工作造成了极为不利的负面影响。

到了20世纪80年代，伊拉克萨达姆政权便开始面临着不断恶化的国际和国内政治环境。伊朗伊斯兰革命爆发之后，伊拉克与伊朗新政权因为领土、民族、宗教以及地区领导权上的矛盾越来越尖锐。

最终，伊拉克在美国和苏联以及部分阿拉伯国家的支持下，趁着伊朗政局动荡之机，于1980年9月22日向伊朗发动了大规模的军事进攻，持续了将近8年的两伊战争由此展开。这场两败俱伤的战争除了让萨达姆浪费更多的资源以外，基本上没有获得任何好处。

在寻求外部援助的同时，伊拉克为了摆脱对国外力量的严重依赖，曾经试图通过建设自己的天然铀和石墨反应堆来补充或替换原来的核反应堆，从而更好地利用已经建立起来的以钚为基础的核武器基础结构。

伊拉克为了研制自己的核武器，通过各种方法获得了大量的核材料，但是其重水的本土生产工作基本没有取得多少进展。更为严重的是，伊拉克的核计划逐渐引起了中东强国以色列的警觉。

1979年4月，以色列特工首次对保存在法国的伊拉克核反应堆核心进行

F-16战斗机机群

被摧毁的伊拉克核反应堆

了破坏，其后又对与伊拉克核计划有关的人员和设施进行了暗杀和破坏活动。1981年6月，以色列出动8架F-16“隼”和6架F-15飞机长途奔袭1100千米，对位于图瓦萨的伊拉克核反应堆进行了轰炸。这次轰炸完全摧毁了这个反应堆的核心，并让整个反应堆的功能严重下降。核反应堆遭破坏后，伊拉克想要依靠自己的力量进行铀浓缩活动，但实际上收效甚微。海湾战争打响后，伊拉克的核计划遭到了毁灭性的打击。战争结束后，伊拉克的核计划受到了国际社会更为严格的监控。

此后，萨达姆虽然没有完全放弃核计划，但是国际社会十几年的制裁已经使得伊拉克在各方面都不再具备发展核计划的能力了。2003年3月20日，伊拉克战争爆发，萨达姆政权很快就被推翻，伊拉克的核计划也算是彻底终结了。

纵观伊拉克的核武器研发历史，可谓是投入了巨大的人力、物力与财力，但最后还是一无所获。

4 伊朗核危机
——美伊时刻处在战争边缘

伊朗，古称波斯，同中国一样有着悠久的历史文化。进入近代以后，伊朗在西方列强的入侵下，逐渐丧失了国家主权的完整和民族的独立，沦为了待宰的羔羊。在英国人的支持下，哥萨克旅指挥官礼萨汗·巴列维于1921年发动军事政变，推翻了亲德的卡扎尔王朝，占领了首都德黑兰，此后逐渐攫取了国家的军政大权。几年以后，巴列维加冕为伊朗国王，正式开创了巴列维王朝。

新王朝建立以后，礼萨汗为了维持自己的统治地位，一方面用武力镇压国内的地方反对势力与民族运动，一方面采取措施加强王权，打击伊斯兰教势力，减少宗教、僧侣对王国政治的影响，大力推行世俗化运动。同时，他以土耳其领袖凯末尔为榜样，积极在国内发展民族工业。另外，伊朗与邻国土耳其、阿富汗以及伊拉克还建立起了友好的关系。

在这其间，礼萨汗和德国的关系变得越来越亲密，这样做的目的很大原因就是为了摆脱英国的控制以及苏联势力的扩张。到二战爆发前夕，德国的势力已经深入到了伊朗的政府机构、文化机关、工业企业之中。此时，两国的关系可谓是非同一般。

二战爆发以后，伊朗宣布中立。随着战争规模的扩大，伊朗成为了连接英国与苏联之间运送战略物资的重要通道。当时，礼萨汗虽然不是德国的正式盟友，但其亲德倾向是显而易见的。

1941年8月25日，英苏军队分别从南北两个方向夹攻伊朗。礼萨汗被逼无奈，只得宣布退位并流亡海外。而礼萨汗的儿子穆罕默德·礼萨·巴列维则成为了伊朗的新国王。盟军开始军事占领伊朗。

美苏冷战开启之后，伊朗成为了遏制社会主义势力扩展的前沿地区之一，因此美国给予了其大量的经济与军事援助。但巴列维王朝统治下的伊朗处于社会动荡之中。特别是石油权益完全掌握在西方国家手里，伊朗从中却得不到多少经济利益，这令伊朗普通百姓非常不满。

20世纪50年代初，巴列维国王迫于群众的压力，不得不将民族阵线创建者、民族主义代表人物穆罕默德·摩萨台任命为首相。摩萨台上台之后，开始实施石油国有化政策，反对英国石油公司对伊朗石油的垄断。这当然引发了英国的不满。同时，摩萨台同巴列维国王的矛盾也逐渐加大。摩萨台想要掌握绝对的权力，国王自然不能同意。

1953年8月，在伊朗军方萨希迪将军和美国的坚定支持下，巴列维国王签署法令，企图解除摩萨台的职务。然而，摩萨台挫败了萨希迪和美国的未遂政变。国王夫妇被迫出走罗马。美国人不甘心就此失去在伊朗的利益，很快再次笼络了亲国王、反摩萨台势力，最终将摩萨台逮捕并将其投入了牢房。此后，巴列维国王才得以回国。

亲美的巴列维国王再次上台后，采取了一系列措施来稳固自己的统治。

在内政方面，国王一方面不断扩充军备，设立秘密警察机构国家安全局（即萨瓦克），强化王权，进行专制统治。另一方面积极推行“白色革命”与经济发展计划，企图在伊朗现行体制的基础上改革伊朗传统社会，逐步实现伊朗的现代化。

在这个过程中，伊朗的综合国力与经济总量虽然得到了显著的增长，但由于分配不公，激化了社会矛盾，这就为日后的伊朗伊斯兰革命埋下了伏笔。

在外交与军事上，巴列维国王奉行一边倒的策略，积极向西方靠拢。伊朗于1955年正式宣布参加巴格达条约组织，1957年公开接受艾森豪威尔主义。两年后，伊朗政府又与美国订立军事协定，建立起了军事同盟关系。

在核能开发上，伊朗从20世纪50年代后期就开始对核问题进行研究。

1959年，作为美国“和平利用原子能”计划的一部分，美国向德黑兰大学赠送了一个小型反应堆。在石油美圆的刺激下，巴列维国王逐渐幻想起了他的“核”梦想，想要通过核计划成为中东霸主。

在物理学家阿克巴尔·埃特马德的主持下，伊朗的核计划启动了。然后，伊朗从西方引进了大部分核技术。

1970年，伊朗虽然正式签署了《不扩散核武器条约》，但仍在积极与德国、法国、美国政府接触，想要建立起“完整的核电工业”。巴列维的目标是用15年的时间在全国建立起20个核电站，总发电能力为2.3万兆瓦。

同时，伊朗还安排伊朗核专家前往世界各地接受培训，并通过石油协定让西方国家为本国培养原子工程技术的留学生。伊朗还积极参与在伊朗和全球大力寻找铀矿的活动，并在全国各地建立了数个核研究中心。1974年，伊朗开始修建核电站等核能利用项目。

然而，这些都随着伊斯兰革命的爆发而暂时结束了。1979年，伊朗爆发了伊斯兰革命，流亡国外的宗教领袖霍梅尼从巴黎返回伊朗接管政权，当年4月宣布成立伊朗伊斯兰共和国。由此，伊朗的核能项目基本上陷入了停滞状态。伊朗爆发伊斯兰革命后，由于发生了伊朗扣押美驻伊使馆人员引发的人质事件，两国关系因此恶化。1980年4月，伊朗和美国断绝外交关系。断交之后，美国开始对伊朗实施遏制以及孤立政策，伊朗则视美国等西方国家为敌人。从而，两国关系由以前的亲密骤变为严重的敌对状态。

1980年9月，两伊战争爆发，美国政府支持伊拉克攻打伊朗。在经过了8年两败俱伤的战争之后，伊朗开始了经济重建，恢复和发展核能再次成为伊朗政府的一个重要议题。

1991年，伊朗开始与俄罗斯政府商讨恢复修建核电站的问题。1992年，两国签署了《和平利用核能协议》。1995年，伊朗和俄罗斯签署了俄罗斯为伊朗建造数座商业轻水核反应堆并提供核燃料的协议，这年10月，俄罗斯开始帮助伊朗在布什尔建设核电站。

对于伊朗与俄罗斯之间频繁进行的核能方面的合作，美国自然是非常不满。一直以来，美国政府就怀疑伊朗政府以“和平利用核能”为名在秘密进行核武器的研发工作，因此对伊朗是多次加以指责，并以“支持国际恐怖活动”为由，对伊朗采取政治孤立、经济制裁以及军事施压的敌视政策。

2001 年“9•11”事件发生之后，美国对伊朗的政策逐渐强硬，不仅将伊朗认定为“邪恶轴心”之一，还将伊朗列为积极支持恐怖活动的国家，所以对伊朗继续实行严厉的制裁。

2003 年年初，伊朗核问题变得越来越严峻。美国不仅指责伊朗在秘密进行核武器的研制工作，还向伊朗政府施加压力，要求其停止与铀浓缩相关的活动，以期最终迫使伊朗停止核武器研发工作。同时，国际原子能机构也派遣专家对伊朗的核设施多次进行核查，并敦促伊朗终止提炼浓缩铀的实验。

2003 年 12 月，在欧盟的斡旋下，伊朗正式签署了《不扩散核武器条约》附加议定书。但是，伊朗在暂停铀浓缩活动后多次出现反复。其后，伊朗与欧盟就核能领域的合作展开谈判。但到 2005 年 8 月，伊朗重启铀转化设备后，伊朗和欧盟之间的谈判一时陷入了僵局。

2006 年，伊朗宣布恢复核燃料研究工作，伊朗核问题再次升温。此后，各国就伊朗核问题展开了多次磋商，但是始终未能达成一致的意见。

与伊朗核问题密切相关的美国和以色列，它们一方面试图通过政治与外交手段来解决伊朗核问题，另一方面也在准备以军事手段彻底摧毁伊朗的核设施。伊朗则针锋相对，在与美国进行周旋、维护自己核利益的同时，也在积极进行军事准备，防备美国与以色列的军事打击。

总之，伊朗一直以来都是海湾地区的大国，在政治、宗教、军事等领域有着重要的影响力。而美国则凭借其自身强大的实力，在伊朗核问题上咄咄逼人。两国之间在政治、经济、历史文化以及地区利益方面存在大量的根本性分歧，因此想要彻底解决伊朗核问题，恐怕在短时期内是难以办到的。

5 中东核危机的解决之道
——和平之路漫长而遥远

一直以来，中东地区都是人们关注的焦点地区。该地区独特的地理、资源、人口、民族、宗教结构使得政治、军事、经济危机频频发生。

中东是一个战略要地，自古就是兵家必争之地。这个地区被人们称为两洋、三洲以及五海之地，海陆空三线地理便利的优势十分突出。中东地区地跨亚洲、欧洲和非洲三洲，占据着包括里海、黑海、地中海、红海、阿拉伯海在内的五海，处于沟通大西洋与印度洋的交通枢纽位置。在这个地区，连接各个海域的有黑海海峡、苏伊士运河、霍尔木兹海峡、曼德海峡，它们都是扼守重要国际航道的咽喉门户。中东还是连接西方和东方的要道，是欧洲经北非到西亚的枢纽与咽喉，因此才会成为列强逐鹿之地。

历史上，一些封建帝国都将中东纳入自己的统治地区。进入近代以后，西方列强利用各种方式渗透中东地区，逐渐扩展自己的势力。一战以后，很多中东国家虽然名义上获得了独立，但其实还是处在英、法等西方大国的“统治”之中。英法两国大力扶植亲西方的政权，与之签订不平等条约，从而攫取了大量的政治和经济特权。冷战开启以后，这里又成为了美国与苏联争夺势力范围的一个重要战场。美国积极援助以色列，苏联则大力支持阿拉伯国家，两国各自扶持自己的代理人，争夺中东地区的霸权与地区利益。冷战结束以后，美国更是加强了自己在中东的主导地位，防止该地区出现挑战美国地位的国家或者国家集团的出现。

中东的石油资源非常丰富。自从第二次工业革命以后，内燃机的发明使得人类的经济发展与石油紧密地联系在了一起，石油这种基本原料促使工业真正发达起来，已经成为了支撑世界经济发展的命脉。而中东地区就是世界上石油储量最多的地区。

据统计，1976 年中东探明的石油储量约为 500 亿吨，约占世界总储量的 58%。中东的油田大部分是在三大高原中间朝向波斯湾的山麓丘陵和平原上以及波斯湾海底。如今，世界上石油储量超过 20 亿吨的国家只有 11 个，波斯湾沿岸就有 5 个，分别是沙特阿拉伯、科威特、伊朗、伊拉克以及阿拉伯联合酋长国。在中东 18 个国家与地区中，绝大多数国家境内都已经发现油田。1976 年中东的石油产量就达 10.9 亿吨，约占世界总产量的三分之一。而且中东国家生产的石油，绝大部分是供应西方发达国家，因此也是世界上最大的石油输出地区。

所以对于严重依赖石油的西方国家来说，控制石油产地，保证正常的原油供应，就成为中东战略的一个重要部分。美国发动的两次伊拉克战争，对部分中东国家的经济和军事援助，部分原因就是为了石油。

中东地区的民族宗教十分复杂。这里既是东西方文化的交会地，也是多民族迁徙与融合的场所。各民族分布复杂，跨界而居，特别是西方列强在殖民统治时期实施的划界分疆使得这里的民族矛盾与冲突时有发生。

生活在中东的有阿拉伯人、土耳其人、库尔德人、波斯人以及犹太人。阿拉伯人在这里建立了很多国家，如沙特阿拉伯、科威特、叙利亚、约旦、也门、阿曼、埃及、卡塔尔、巴林等等。土耳其人建立的国家是土耳其，波斯人建立的国家是伊朗，犹太人建立的国家是以色列。阿拉伯人和犹太人的矛盾是整个中东问题的核心，1947 年联合国通过的巴以分治决议使得两个民族长期处于对抗以及军事冲突之中。阿拉伯人和波斯人的矛盾只是在领土和宗教问题上，这些问题直接导致了伊朗和伊拉克爆发了长达八年的战争。波斯人和犹太人主要的矛盾体现在争夺中东地区的领导权上，伊朗和阿拉伯国家共同反以，就是不想让以色列称霸中东，而以色列则积极配合美国阻止伊朗获得核武器，从而维护自己的优势地位。

中东地区除了分布着众多的民族，还有着复杂的宗教信仰和教派冲突。中东是犹太教、基督教、伊斯兰教这三大宗教的发源地，而耶路撒冷又被犹太教、基督教和伊斯兰教称为自己的宗教圣地。宗教与各国的政治、经济和文化联系得十分紧密，对国家的内外政策都起着重要的影响。

生活在中东地区的大多数居民信仰伊斯兰教，少数居民信仰基督教、犹太教和其他宗教。这种宗教上的差异使得该地区动荡不安。而且各个宗教还有不同的派系，比如伊斯兰教就有逊尼派和什叶派之分，基督教又有东正教派、天主教派，同一个教派下面还有很多教义不同的小派别，教派林立也是中东地区战乱频发的原因之一。

基于以上这些原因，中东地区的冲突才会从二战以后一直持续至今，成为持续时间最长的焦点问题。为了维护自身的利益，中东国家一方面援引外部力量，让其插手中东事务，增强自身的力量；另一方面则积极发展常规力量和核力量，以此来增强自身的实力和筹码。所以，中东问题也从最初的领土、宗教、民族等方面扩展到核能方面。对于以色列来说，自己的周围几乎都是敌人，为了维护国家的安全，也为了获得地区的主导权，他们才会积极发展核武器。超级大国美国为了自身的地区利益，对于以色列的核计划也是睁一只眼闭一只眼，默许它拥有核武器。

然而，这却引发了周边国家的连锁反应。中东的阿拉伯国家原本在经济和军事上就无法与以色列相匹敌，而以色列的核武器更让他们处于劣势。再加上非阿拉伯国家伊朗执意进行核研究，为了取得战略平衡，他们也只好竞相开展核研制计划，如伊拉克为了获得核武器就耗费了大量的财力和物力，虽然没有成功，但也让其他国家忧心不已；叙利亚为了对抗以色列的军事威胁，也曾经秘密进行核武器的研制工作；埃及、约旦、阿拉伯联合酋长国也在积极寻求发展民用核能事业，想要兴建起核电站。

但是，无论是想要和平利用核能，还是企图研制核武器，都不可避免地会引发中东地区的军备竞赛，加大核武器扩散的风险，从而进一步加剧地区的紧张局势。因此，中东想要实现地区的和平和稳定，想要摆脱核阴云的影响，不仅需要建立起政治和军事互信，更需要耐心地通过谈判来解决地区争端，建立中东无核区，防控大规模杀伤性武器的扩散，全面禁止核武器的研制，加大核武器的核查力量，如此才能真正地让核危机远离人们，让和平真正地来到中东地区。

下篇

核电风波

第一章

核电站——和平利用核能的良好开端

核能用于军事，便能制造出有恐怖能量的核武器。将其用于和平目的，那么结构各异的核电站便逐渐产生了。相对于化石燃料，核电有着无可比拟的优势，给人们带来了无比卓越的能量来源。但另一方面，核电也有着一些不可避免的缺点。特别是核电在出现事故后，就会给人们带来了令人恐惧的核辐射威胁。人类只有安全用核，才能让核电真正为自己服务。

1 认识核电站
——核能也能造福人类

从19世纪末开始，科学家们在物理学上已经取得了一系列进步，人类因此才逐渐发现了核能的奥秘。到20世纪40年代，科学家在美国建成了世界上第一座核反应堆。1954年，第一座核电站在苏联建成。

此后，核电站逐渐走进了人们的日常生活，为人类的经济发展提供着取之不尽、用之不竭的能源。

在核能的和平利用发面，最主要的就是利用核能来发电的核电站。那么，什么是核电站呢？其实，核电站就是利用核裂变或者核聚变反应释放出能量从而产生电能的发电厂。

与火电和水电相比较，核电更接近火力发电。这是因为两者都是将热能转化为电能。只不过，核电站是以反应堆代替了火电站的蒸汽锅炉，它烧的既不是煤炭，也不是石油，而是天然铀或者浓缩铀。铀原子核在反应堆内于一定条件下发生分裂，分裂后产生的核能通过将水加热产生蒸汽，之后蒸汽再通过相应的管路进入核电站的汽轮机，推动汽轮转动，进而带动发电机发电，最终使机械能转变成电能。

对于核电站来说，其主要由两部分组成，即核岛和常规岛。核岛里面有核反应堆和一回路系统，其主要的功能就是利用原子能产生蒸汽。常规岛里面有汽轮机以及二回路等系统。

核电站最主要的部分就是核反应堆。核反应堆，又称为原子反应堆或反应堆，这是一种填装了核燃料、能够实现大规模可控制核裂变链式反应的装置。通常情况下，核反应堆是由活性区、反射层、外部结构和屏蔽层组成。活性区包括核燃料、慢化剂、冷却剂以及控制棒等部分。

反应堆的核燃料是指在核反应堆中通过核裂变或核聚变能够产生原子能的材料。目前，人们获取核能的两种主要方式是重核裂变与轻核聚变。铀-235、铀-233以及钚-239是可以产生核裂变的核燃料，氘和氚则是可以发生核聚变的核燃料。慢化剂，又称中子减速剂，其主要是用来将核燃料裂变反应释放的快中子能量减弱，并让它慢化成为中子或中能中子的材料。作为慢化剂，它必须要对中子有较高的散射截面以及较低的吸收截面。在核电站中，常用的慢化剂有石墨、重水和轻水（普通水）。石墨作为慢化剂，不但生产成本低，而且有着较低的吸收截面，更是一种耐高温材料，因此适合在非氧化气氛的高温核反应堆中做慢化剂。重水吸收截面也很小，还能为链式反应提供中子，但是重水的价格昂贵，还有可能出现泄漏以及污染等问题。而轻水的吸收截面相对较大，但是它的慢化能力大，而且价格低廉，因此目前是核电站使用最广泛的慢化剂。

大饭核电站鸟瞰图

控制棒在核反应堆中只

是起补偿和调节中子反应性以及调整功率和紧急停堆的作用。目前，常用的控制棒材料有硼、镉、铪、银、铟等元素及其化合物或者合金。控制棒有棒形、片形和十字形等多种结构形式，通常人们会把多根控制棒组合在一起制成控制棒组件。控制棒要在高温、高压以及高辐照的恶劣条件下长期地工作，其对于保证反应堆的安全运行起着极其重要的作用。

按照功能的不同，控制棒可以分为补偿棒、调节棒和安全棒这三种形式。补偿棒主要用来调整功率，补偿剩余反应性；调节棒在反应堆运行时用于调节反应性微小的变化；安全棒则是用来进行紧急停堆，特别在反应堆发生紧急事故的情况下，它可以在极短的时间内迅速插入反应堆堆芯，确保反应堆停止核反应。冷却剂，又称载热剂，它是由主循环泵驱动，在一回路中循环，从反应堆堆芯带走热量并传给二回路中的相关设备，使蒸汽发生器产生高温、高压蒸汽，蒸汽可以驱动汽轮发电机发电。作为核反应堆冷却剂，它必须要具备良好的核特性，良好的物理与化学性质，还要有经济性好、价格低廉、使用方便等特性。通常，液态钠、钠钾合金、轻水、重水以及二氧化碳和氦等都可用来做冷却剂。水是一种性质较好的冷却剂，但是因为水的中子吸收截面较大，因此在轻水反应堆里，人们在选择核燃料的时候要用低浓度的铀。

反射层主要是用来散射从核反应堆散逸出来的中子，更改其飘散的方向并令其重新回到活性区。与慢化剂相同，反射层材料也要有散射截面大、吸收截面小的特点。在某些反应堆中，反射层材料是由高质量数的致密物质组成的，目的就是为了使那些反向散射进反应堆堆芯的中子受到最小的慢化。目前，人们常用的反射层材料有轻水、重水、石墨、铍、氧化铍和氧化锆等材料。屏蔽层主要是设置在反应堆外围，避免人员和设备遭受来自核反应堆堆芯中产生的各种射线的伤害。在核反应堆产生的各种辐射线中，穿透力大的中子与 γ 射线对人体所产生的危害是最大的。为了阻挡中子与 γ 射线，人们才会在反应堆周围设置保护屏蔽层。

目前，较为常见的屏蔽材料有特制重混凝土、含硼贴层、重金属等。特制重混凝土在水泥中掺入铁矿石、重晶石、铸铁等物质，这种材料对中子以及 γ 射线都有着很强的吸收能力。一般情况下，固定式动力堆和研究用堆经常采用这种屏蔽材料。含硼贴层就是在重混凝土层加入少量含硼物质。重金属就是指铅、钨、钼等物质，它们都能够有效地防止 γ 射线外逸，只是生产成本太高，所以在使用中受到了一定的限制。

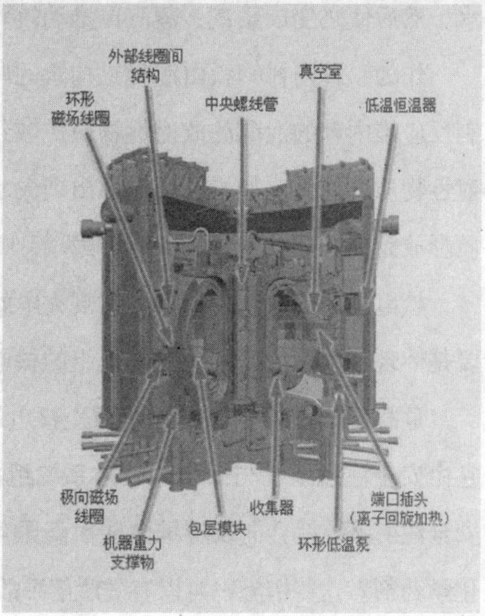

核反应堆示意图

外部结构包括燃料包壳、堆芯构件、反应堆容器、热交换器以及主回路管道。可以用来做燃料包壳的材料有铝合金、镁合金和锆合金。奥氏体不锈钢也能用来做燃料包壳，还可以作为其他结构材料。可用来做核反应堆压力容器的有低合金钢和碳钢。此外，镍、钛、铌、钒等合金也都可以用来做外部结构材料。

除了核反应堆，核电站包括主泵、稳压器、蒸汽发生器、安全壳、汽轮发电机以及危急冷却系统等重要设备。

主泵相当于核电站的心脏。它主要是用来把冷却剂送进核反应堆内，然后流过蒸汽发生器，以保证能够将在核裂变反应中产生的核能及时传递出来。

稳压器，又称压力平衡器，它是用来控制核反应堆系统压力变化的设备。反应堆在正常运行时，它可以起到保持压力的作用；如果发生了事故，它就可以提供超压保护。稳压器里设有加热器以及喷淋系统，当反应堆里压力过高的时候，喷洒冷水降压；如果反应堆内压力过低，加热器则会自动通电从而加热水，等到一定程度后，水就会蒸发，从而使得反应堆压力得到增加。

蒸汽发生器主要是用来把通过反应堆堆芯的冷却剂带来的热量传给二回路

水，然后使之变成蒸汽，蒸汽再推动汽轮发电机，就能够产生电力。

作为一种内衬钢板由混凝土构筑的厚壁容器，安全壳主要是用来控制和限制反应堆内部的泄漏的放射性物质扩散到自然环境中去，从而保护人们免遭放射性物质的伤害。如果核反应堆出现失水事故，那么安全壳就是防止放射性物质释放到周围环境的最后一道屏障。

核电站用的汽轮发电机和常规火电站用的结构基本一致，不一样的地方主要是体现在体积上，同等功率机组的核电站汽轮机体积比常规火电站要大。

危急冷却系统主要是为了防止核电站出现严重的失水事故。一般情况下，它由安全注射系统与安全壳喷淋系统组成。核电站在发生严重的失水事故时，安全注射系统就会向反应堆内注射高压含硼水，喷淋系统则会向安全壳喷水与化学药剂。这些措施都可以有效缓解事故的后果，防止事故的进一步升级。

正是靠了以上这些组件，核电站才会发出源源不断的清洁能源，为人类社会的经济发展和社会进步贡献其强大的力量。

2 核电站家族——在发展中不断壮大

对于核电站来说，其最关键的部分就是核反应堆。按照冷却剂与慢化剂的不同，核反应堆可以分为轻水反应堆（包括压水反应堆与沸水反应堆）、重水反应堆、气冷反应堆、石墨反应堆和液态金属冷却反应堆。

轻水反应堆

轻水反应堆，顾名思义，就是指以轻水作为慢化剂与冷却剂的核反应堆。

这种核反应堆包括两种反应堆，即沸水反应堆和压水反应堆。

压水反应堆是由美国贝蒂斯原子能实验室研发的一种轻水型核反应堆。这种型号核反应堆的冷却系统由两个循环回路组成。反应堆内的一回路连接着堆芯以及二回路中的蒸汽发生器，将回路内的压强保持在150个大气压左右。在这种大气压下，就能够将冷却水加热到一定的温度而不发生沸腾的现象。然后，冷却水流到二回路蒸汽发生器的传热管中，将二回路中的水（压强为70个大气压左右）加热至沸腾（温度约260℃）状态，从而形成水蒸气（过滤掉混杂的液态水后）。接着，水蒸气通过二回路来到汽轮机，从而推动涡轮发动机运转做功。一回路水在传热管中释放了热能之后，再以290℃左右的温度回流到反应堆堆芯，从而完成一回路循环。而二回路水从汽轮机流出后，经过冷凝器凝结为液态水之后，再回流到蒸汽发生器，从而完成二回路循环。

压水反应堆堆芯处于压力壳内，由排列为方形的燃料组件组成。通常，这种反应堆的核燃料是丰度在2%—4.4%的烧结二氧化铀。它的体积虽然比沸水反应堆小，但是其堆芯的功率密度却较大，压水堆的发电效率能够达到33%。然而，压水反应堆堆芯中的工作压力与温度均高于沸水反应堆，因此，此类反应堆也要求有性能更高的反应堆材料。目前，全世界核电站、核潜艇以及核动力航空母舰等使用的反应堆中大都以压水堆为主。在美国三哩

一座在建的轻水反应堆

岛核事故中，发生泄漏事故的就是压水反应堆。截至2007底，在全世界439座运行的反应堆中，压水核反应堆超过了总数的64%。而在中国，目前已建成并投入使用的秦山核电站、大亚湾核电站、田湾核电站、岭澳核电站采用的也都是压水型反应堆。

沸水反应堆也是一种轻水核反应堆，它是由美国通用电气公司研发的。沸水反应堆由反应堆压力容器、堆芯、堆内构件、汽水分离器、蒸汽干燥器、控制棒组件及喷泵等部分组成。反应堆堆芯位于压力容器中心，由若干单元组成，每个单元有四盒燃料组件以及一根十字形控制棒。每盒燃料组件上部靠上栅板定位，下部安放在下栅板上，并坐在控制棒导向管顶部和燃料支撑杯中。燃料组件由燃料元件、定位格架及元件盒组成。燃料元件以8×8排列，采用二氧化铀燃料芯块，以锆-2合金做外部包壳，内部充氦气，端部加端塞焊接密封。堆内构件有上栅板、下栅板、控制棒导向管及围板等部件。

这种型号的核反应堆在运行时，其内部冷却系统的压强会保持在70个大气压上下。给水进入压力容器之后，在280℃左右出现沸腾现象。汽水混合物经过反应堆堆芯上方的汽水分离器和蒸汽干燥器过滤掉液态水后，会直接送到汽轮机。蒸汽在推动汽轮机做完功后，经过冷凝器凝结为了液态水（给水），接着再流回反应堆，从而完成一个循环。

沸水反应堆的蒸汽会直接送到汽轮机，所以这个系统也被称为直接循环系统。在这个过程中，循环系统中水的循环速度决定了核反应堆堆芯的传热速度，所以在大型沸水堆的堆芯围筒外都装有喷射泵，它们就是用来加快循环速度的。

沸水反应堆的构造相对较为简单，这导致了核反应堆的工作压力与堆芯温度相应地下降了，反应堆的安全性因此得到了提高，造价也下降了。然而，沸水反应堆也有一些缺点，那就是由于这种反应堆的循环系统直接连接了堆芯与汽轮机，因此汽轮机很容易受到放射性物质的污染，同时也给反应堆的设计与维修带来了很多麻烦。

重水反应堆

重水反应堆，又称重水堆，是用重水（即氧化氘）作为慢化剂的核反应堆。这种核反应堆可以用重水、轻水、二氧化碳以及有机物作为冷却剂，一般用天然铀做燃料，结构上与压水堆相似。重水的热中子吸收截面很小，可利用天然铀做燃料。相对于轻水反应堆，这种反应堆铀燃料的利用率较高，乏燃料不需要进行后处理。重水反应堆能够用来作为生产堆、动力堆以及研究堆。反应堆内部中子的经济性好，能够生产氚和发展成为先进的转化堆。这种反应堆的缺点就是堆内重水装载量较大，造价相应地也较高。

作为一种发展较早的核反应堆，重水堆主要分为压力壳式与压力管式这两类。

压力壳式反应堆的冷却剂只用重水，其内部结构材料虽然比压力管式少，然而它的中子经济性更好，生成的核燃料钚-239产量更高。

压力管式重水堆的冷却剂能够用重水、轻水、气体或者有机化合物，它的尺寸也不受限制。压力管重水堆虽然会出现中子损失的现象，然而它更大的堆芯能够减少中子的泄漏损失。除此以外，压力管式重水堆由于是不停地装卸以及连续换料作业，所以还能省去补偿燃耗的控制棒。目前，实现了工业规模

重水堆核电站外景

推广的重水反应堆只有加拿大的坎杜型压力管式重水堆核电站。这种核电站的特点是堆芯使用压力管（代替压水堆的压力容器），以重水作为慢化剂和冷却剂，以天然铀作燃料，采用不停堆更换燃料。在技术性、经济性等指标上，这种重水堆有一定的优势。

气冷核反应堆

气冷核反应堆是指以石墨做慢化剂，以二氧化碳或氦气做冷却剂的反应堆。这种反应堆在发展过程中先后产生了天然铀气冷堆、改进型气冷堆和高温气冷堆三种类型。

天然铀气冷堆，又称镁诺克斯堆。它以天然铀为核燃料，以二氧化碳作为冷却剂。堆芯是由精纯的石墨块堆砌而成，整个堆芯包容在一个钢制或混凝土结构的压力壳内。在石墨块中，有许多装有棒状燃料元件的通道，这些通道用来供加压的冷却剂从这里流过，从而带走堆内的能量。1956 年，英国建成了世界上第一座天然铀气冷堆电站——卡德蒙尔核电站。天然铀气冷堆的最大优点是核燃料相对较为容易获得，但是它的功率密度低，而且堆芯体积大、造价高，热效率只能达到 30%。基于这些缺点，这种反应堆在 20 世纪 60 年代末便停建了。

改进型气冷堆堆芯结构与天然铀气冷堆很相似，只是蒸汽发生器被设置在反应堆的四周，并被包容在混凝土压力壳内。此类核反应堆燃料元件的包壳材料是不锈钢，核燃料是丰度为 2%—3% 的二氧化铀。

高温气冷堆是一种较为先进的气冷反应堆。它应用的是陶瓷型涂敷颗粒燃料，冷却剂是传热性好的惰性气体氦。这种反应堆具有很多优点，比如安全性高、燃料循环灵活、可采用高效率的常规发电机组。

石墨反应堆

石墨反应堆是核裂变反应堆中的一种，同时也是一种较为常见的反应堆。石墨由于具有良好的中子减速性能，还具有高熔点、稳定、耐腐蚀的性能，因而最早被作为减速剂用于核反应堆中。目前，铀—石墨反应堆是应用较多的一种石墨反应堆。世界上第一个石墨反应堆就是由物理学家费米在美国芝加哥大学建成的。

液态金属冷却反应堆

液态金属冷却堆是以液态金属做冷却剂的快堆，如钠冷快堆。钠冷快堆以金属钠做冷却剂，采用闭式燃料循环方式，能有效地管理锕系元素以及铀 -238 的转换。这种燃料循环采用完全锕系再循环。钠因为具有高于大多数金属的比热和良好的导热性能，而且价格较低，所以很适合用做反应堆的冷却剂。然而，金属钠的化学属性非常活跃，所以导致钠冷快堆设计要比压水堆设计复杂得多。

但是，钠冷快堆由于具有燃料资源利用率高和热效率高等优点，因而很早就受到美国、俄罗斯、英国、法国和日本等核能技术发达国家的重视。

3 核电站是把双刃剑
——优点多，缺点也不少

如今，社会经济的发展越来越离不开能源，能源已经成为了人类不可或缺的物质之一。

核能作为一种新能源，其在人类生产生活中所起的作用越来越大。但是，任何事物都有两面性，核电站也不例外，它自身的缺点也需要人们不断地利用科学的方法去克服。相对于火电站和水电站，核电站还有着巨大的优越性。

首先，核能可以说是地球上储量最丰富的能源，同时还是能量高度浓集的能源。

核燃料是非常耐用的。1 千克金属铀裂变所产生的能量，相当于燃烧 2700 吨标准煤所产生的能量。一座装机容量为 600 兆瓦的火力发电站每天需要烧掉 7200 吨煤。假如按照每列火车运输 1500 吨煤炭计算，那么就意味着每天要有五列火车进行运输。由此可见，全国火力发电站每天要烧掉的煤炭的数量是惊人的。但是，同样规模的核电站，它每天只需要约 2 千克的核燃料即可。如果人们在反应堆里一次换装 600 千克的核燃料，那么这些核燃料足够用一年。

核燃料也是非常丰富的。按照一些人的估算，地球上煤炭的储量大约只够人类再利用二百多年，石油则只够人们再消耗四十年。因而，对于人类来说，开发新的能源已经成为了当务之急。目前，地球上已探明的核裂变燃料，比如铀矿和钍矿资源，其所含有的能量相当于化石燃料的好几十倍。因此，人类只要抓住机会，及时地对其进行开发利用，那么就能在化石燃料用完之前，让它们成为人类新的重要能源。

另外，地球上还存在着大量的聚变核燃料氘，它们通过核聚变反应就可以产生原子能。1 千克氘通过聚变产生的能量相当于 1.1 万吨标准煤燃烧所产生的能量。而氘广泛存在于水中，通过一定的反应，1 升水中氘发生聚变之后，产生的能量就相当于 300 升汽油的能量。

科学研究发现，在海洋仅 3 米厚水层中所含有的氘的聚变能就完全可以满足人类数千万年的能源需要。在未来，一旦人类掌控了核聚变，那么困扰人类的能源问题就将得到彻底的缓解。

其次，相对于风能与太阳能，核能更容易储存。

风能与太阳能只有安装了相应的储存设施，才能实现能量的持久利用，只是那些能量存储设施到目前为止还十分昂贵。而核燃料无论是在核电站、核动力水面船舶里，还是在核潜艇上，所占据的空间都有限，并且它们时隔两年才会更换一次核燃料。而那些烧煤的火电站就需要庞大的原煤储存设施，以及相当大的占地空间。

再次，核能是清洁的能源，有利于保护人们的生存环境。

人们大量燃烧煤炭、石油和天然气等化石燃料，产生了十分严重的环境问题。这些化石燃料在燃烧后会排出大量的二氧化硫、二氧化碳、氧化亚氮等气体，这些气体直接危害人类的身体健康与农作物生长，还会导致酸雨的产生以及大气层的“温室效应”，因而破坏了自然界的生态平衡。

相对于化石燃料，核电站就不会产生这些危害。而核电站以及它的核燃料循环体系所引起的危害人类的放射性剂量，同自然界的放射性本底相比根本就是不值一提的。而且从核电站中卸出的乏燃料经过处理厂提取其中的铀和钚以后，就会慢慢衰变成别的元素，其毒性也将会随着时间的推移而逐渐减少。在大多数情况下，核电厂的放射性污染也比火电厂小得多。

第四，核电的经济性明显优于火电。

发电厂每千瓦时电的成本是由建造折旧费、燃料费以及运行费这三部分组成的，最主要是建造折旧费和燃料费。核电厂由于需要特别考虑安全与质量问题，因此建造费明显要高于火电厂，一般要高出 30%—50%。但是，核电站的使用寿命为 40 年，而火电站使用寿命为 25 年，因而折旧费基本上一致。

而核电站的燃料费则比火电厂低得多，火电厂的燃料费占发电成本的 40%—60%，而核电厂的燃料费则只占 20%—30%。根据一些国家运营核电站的经验，核电厂的发电成本要比火电厂低 15%—30%，有的核电站的发电成本仅为普通电站发电成本的一半。

第五，用核燃料代替煤和石油，有利于资源的合理利用。

煤和石油等都是化学工业和纺织工业的宝贵原料，它们能创造出多种经济发展需要的产品。煤与石油在地球上的蕴藏量是很有限的，而且作为原料，它们要比作为燃料的价值高得多。因此，从合理利用资源的角度来说，人类应该逐渐以核燃料代替化石燃料。

第六，核电站的环境保护标准远远高于火电站。

火电站对污染的控制水平相对较低，缺少一些安全和环保措施，因此其排放到自然环境中的污染相对较大。而核电站的核燃料在反应堆内外的整个循环过程中都采取了极为严密的隔离与防护措施，因此它的放射性污染对环境的实际影响从一开始就比燃煤电厂小得多。核电站在运行过程中，也会排放废气、废液以及固体废物，在“三废”中只存在着极少的放射性物质。

通常情况下，核电站设置的三废处理系统能够对这些放射性废物进行有效的处理。人们还在核电站周边设置了众多监测点，定期对空气、水样、土样和动植物样品进行采集分析，随时监督放射性物质对周边环境的污染情况。所以说，核电站产生的放射性物质一般是不会对自然环境构成有害污染的。

第七，核电站有众多防御措施，以保证其安全运行。

核电站也不会像核武器那样爆炸，因为核电站和原子弹所用的核燃料浓度不同，在核电站动力堆用的核燃料中，铀-235的浓度一般只占3%—4%。而在原子弹的核装料中，铀-235或钚-239的浓度必须在90%以上。因此，核电站动力堆根本不具备原子弹那样的爆炸条件。

原子弹爆炸释放出来的大量放射性物质危害人类和生物，而反应堆中核燃料裂变后产生的放射性物质则被包围在三道屏障内。第一道是密封核燃料的包壳，万一包壳损坏还有压力壳和安全壳两道屏障，这些屏障可以确保不会让放射性物质排放出去。

虽然，核电站有这么多的优点，但它也有一些不可避免的缺点。

核电站在运营过程中产生的放射性废料以及使用过的核燃料，虽然所占体积与空间不大，然而由于具有放射性，因此必须谨慎地进行处理，否则就会给人们带来一连串的问题，比如处理不当会给周边居民的生活带来严重的影响。

相对于燃烧化石燃料的电站，核电站的热效率较低，它会将更多的废热排放到周边的环境里，从而造成较为严重的热污染。有人统计，核电站通过冷却水排入水中的余热要比火电站至少高出35%。

相对于普通的电站，核电站的投资成本过于庞大，负责运营的电力公司因此可能要承担相当高的财务风险。而且核电站还不适合做尖峰、离峰之随载运转；核电站与核武器之间有很大的关联，世界上第一座核反应堆的建设就是为研制原子弹服务的。在现今社会，兴建核电站如果缺乏公开、透明的举措，那么就很容易在国际社会上引起政治纷争，甚至有可能导致战争的发生。

核电站的反应堆内部存有大量的放射性物质，如果核电站发生各种突发事故，那么放射性物质就很容易泄漏到外界环境中，从而对生态环境以及周边的民众造成核伤害。

总之，任何事物都有它的两面性，核电站也不例外。对于人类来说，核能是人类开发新能源的一个重要领域。只要人类扬长避短，在应用核电的过程中，坚持严格安全谨慎的原则，那么核电站就能为我们造福。

4 核电站的发展历程
——未来将更经济、更安全

对于人类来说，能源是社会进步与经济发展的推动力。可以说正是因为有了能源，人类才会创造出一个个辉煌灿烂的文明。

历史上先后爆发的两次工业革命，使得人类对能源的需求急剧地上升。于是，煤炭、石油等化石燃料成为了能源利用的主体。但是，这些能源燃料所产生的二氧化碳、二氧化硫、氧化亚氨以及烟灰等物质，给人们带来了严重的环境污染问题。而且，这些化石燃料属于不可再生能源，它们在地球上的储量是有限的。因此，人们在不断尝试着开发新的能源。

从19世纪末到20世纪中期，人们在核物理学上的一系列重大发现让人类发现了新的能源，从而迈入了核能时代。

1895年，德国物理学家伦琴发现了X射线。1896年，法国物理学家贝克雷尔发现了放射性现象。1898年，居里夫妇发现新的放射性元素钋，后来又发现了放射性元素镭。

1905年，爱因斯坦提出了质能关系式。1914年，英国物理学家卢瑟福通过实验，发现了质子。1935年，英国物理学家查德威克发现了中子。1938年，德国科学家奥托·哈恩用中子轰击铀原子核，发现了核裂变现象。

1942年，美籍意大利科学家费米在芝加哥大学的网球场上建成了世界上第一座核反应堆，并首次实现了可控制裂变连锁反应。

二战结束以后，世界主要军事强国在大力研发核武器的同时，也在探索核能的和平利用问题。纵观核电站在战后的整个发展历程，我们可以将其划分为四个发展阶段。

第一个阶段是核电的实验与起步阶段，时间大致是从20世纪50年代初到60年代中期。

1954年，苏联在世界上建成了第一座5000千瓦发电量的核电站——奥布宁斯克核电站，其所用的反应堆也是世界上第一座通过常规输电网供应电力的动力堆。这个核电站主要是为苏联当时的农业生产项目提供所需的电力，它的建成标志着人类和平利用核能的开始。

继苏联建成世界上第一台核电机组之后，美国也在1956年建成了第一台功率为4500千瓦的沸水堆核电机组，1957年建成了希平港压水堆核电站，1960年又建成了德累斯顿沸水堆核电站。

法国和英国也不甘在核电站建设方面落后，他们于1956年各自建成了石墨气冷堆核电站，如法国的舒兹核电站。到了20世纪60年代，德国、日本和加拿大等国的核电工业也逐渐发展起来，建成了一批核电站，如德国的奥珀利海母核电站、日本的美浜 1 号核电站等。

在这个时期，核电站虽然还处于实验与起步阶段，但是有些国家核电站发电的成本已经明显低于常规火电站了。

从 1954 到 1965 年，世界上总共有 38 个机组投入运行，这些都属于早期原型反应堆，也就是“第一代”核电站。第一代核电站的主要目是为了通过试验示范形式来验证核电在工程实施上的可行性。

第二个阶段是核电站的快速发展时期，时间大致是从 20 世纪 60 年代末到 70 年代末。

这一阶段世界各国的核电技术趋于成熟，第二代核电站大量出现，拥有核电站的国家也逐渐增多。同时，第二代核电站也在朝着商用化、标准化、系列化以及批量化的方向发展，以期最终能够提高核电的经济性。

20 世纪 70 年代，第四次中东战争爆发后，石油输出国组织中的阿拉伯国家为了打击自己的宿敌以色列及支持它的西方大国，收回了石油标价权，然后大幅提高了原油价格，从而引发了第二次世界大战之后全球最严重的经济危机。石油危机迫使西方国家寻找新的能源来源。与此同时，经过一段时间的发展，核电站的经济性也逐渐被人们看好。由此，世界核电迎来了一个快速发展的高潮期。据说，在核电建设的鼎盛时期，平均每 17 天就会有一座新的核电站投入商业运行。

在 1970—1982 年间，美国建造了大量的压水反应堆以及沸水反应堆，还将反应堆出口到其他国家，其核电发电量从 218 亿度增加到 3000 亿度，增加了 10 多倍，核电在电力生产中比例从 1.3% 一下子提高到了 16%。在此期间，苏联也建造了一些石墨反应堆与压水反应堆。日本、法国等国引进并消化了美国的压水堆与沸水堆技术，他们的核电发电量均增加了 20 多倍。此外，印度、巴西、阿根廷等发展中国家也建成了一批核电站。

截至目前，世界上商业运行的四百多座核电机组绝大部分都是在这一时期建成并投入使用的。

第三个发展阶段是核电的缓慢发展期，大致是从20世纪80年代到20世纪末。

进入20世纪80年代以后，世界各国大力采取措施来节约能源并调整能源结构。世界经济出现了放缓的趋势，原本对能源需求极为旺盛的西方发达国家的经济进入了滞胀阶段，因而电力也缺少了发展的强劲动力，核电发展更是遭遇了诸多困难。

1979年3月美国发生了三哩岛核电站事故，在此次事故中虽然没有出现人员伤亡，却为世界核电的发展蒙上了一层阴影，使得人们对核电站的安全疑虑重重。1986年4月，苏联乌克兰境内的切尔诺贝利核电站发生了极为严重的核泄漏事故，此次事故的负面影响直到今天还没有结束。这两次大的事故使得人们形成了的对核电站的恐惧心理，反“核”力量也甚嚣尘上。

在种种压力下，人们不断提高核电的安全标准，这使得核电设计更为复杂，政府审批时间以及建造周期都被迫加长，建设成本也相应地上升，最终导致了核电经济性的下降。

从1978年到1983年，美国就有60多座核电站取消了建设计划，这相当于减少了7800万千瓦的发电量。一些欧洲国家，比如瑞典、奥地利、荷兰、意大利等国不是放慢核电发展步伐，就是停止发展核电。这一时期，苏联也决定不再建造石墨水冷堆核电站。根据相关国际机构的统计，从1990年到2004年，全球核电总装机容量年增长率从17%降到了2%。

但是，并不是所有国家都对核电避之不及。法国、日本和韩国等国还在积极发展核电，取得了一定的效果。我国从20世纪90年代开始，也开始在东南沿海陆续建造核电站，从而为经济发展提供了强大的能源来源。

第四个阶段是核电的复苏阶段。在这个阶段，世界的核电工业在曲折中慢慢恢复与发展。

进入21世纪以来，随着世界经济的逐步复苏以及面临的愈加严重的能源危机，核能的优势重新受到了人们的关注。同时，经过多年的技术储备与发展，核电的安全性、可靠性得到了进一步的提高。美国、欧洲、日本等国家和地区开始积极研发先进的轻水堆核电站（即“第三代”核电站），并取得了重大的进展。

另外，天然气、煤炭、石油等化石燃料的价格不断飙升，核电的经济性再次凸显出来。而且燃烧化石燃料导致的严重环境污染问题以及气候变暖现象，使得人们更需要像核能这样的清洁能源。因此，世界各国的核电发展开始进入复苏期，一些核电发展规划也被制定出来。

欧盟重申必须依靠核能来减少温室气体的排放，一些欧洲国家，如芬兰、瑞典、德国也在继续实施核计划或重新考虑核问题。美国则考虑建造新核电站，并放弃不后处理乏燃料的卡特理论。亚洲的日本、中国和韩国也在制订重大的核计划。

而在可预见的未来，核电的发展将出现一些新的趋势。为了满足世界范围内日益增加的用电需求，核电产业的规模将进一步扩大；核电发展的重心将从北美和欧洲逐渐转移到亚太地区；核电的经济性进一步上升，其安全标准也将进一步提高。

在 2011 年，日本核电站发生了严重的核泄漏事件，人类在核电发展领域因而遭遇了一些挫折。但是从长远的角度看，发展核电仍将是解决人类旺盛的能源需求的必由之路。

5 全球核电站分布图——美国独占鳌头

根据国际原子能机构的数据统计，截至 2005 年底，全球各类机组发电的比例是：煤电占 19%，水电占 19%，核电占 16%，气电占 15%，天然气占

15%。由此可见，核电已经成为了世界电源的一个重要组成部分，在世界能源结构中占有着十分重要的地位。

截至2005年底，世界上已经拥有正在服役、建设，或是打算建设核反应堆的国家和地区共有37个，其中有31个国家和地区运行着441座核反应堆。在这些运行的核电机组中，压水堆机组的发电量居各种堆型的第一位，接下来依次是沸水堆、加压重水堆、镁诺克斯堆和改进型气冷堆。

在国家电力生产中，核电发电比例超过25%的国家有16个，而其中比例较高的国家依次是法国（78%）、立陶宛（72%）、斯洛伐克（55%）、比利时（55%）、瑞典（52%）、乌克兰（51%）、保加利亚（42%）、瑞士（40%）。

目前，世界上正在运行的核电机组主要集中在发达国家，其中美国有104座，法国有58座，日本有54座，俄罗斯有29座，韩国有21座，印度有20座，德国有20座，英国有19座，加拿大有18座，乌克兰有15座，中国有13座。

到1999年，在美国运行的104座核电机组中，压水反应堆有65座，沸水反应堆为29座。核电发电份额约为20%。尽管美国拥有目前世界上最多的核电机组，最多以及最高的发电量，然而随着本国经济增长趋势的放缓，天然气价格的降低，低投资燃气电站的投产，核电原本的经济性、竞争性正在逐渐降低。

目前，美国核电厂家正采取诸多措施来降低核电的运营成本，但是美国核电的发电份额在今后还会进一步降低。同时，在国内核电市场委靡不振的情况下，美国与法国、加拿大等几个核电大国一样，开始积极开发亚洲地区的核电市场。另外，美国还在开发先进的轻水反应堆，以进一步增加本国核电的竞争力。

法国是欧洲核发电量和发电比例最高的国家，正在运行的58座机组使得核电份额占到了全国总发电量的78%。在这58座压水反应堆中，有34座900兆瓦级反应堆，其中的17座使用的是MOX混合氧化物燃料；有20座1300

兆瓦级反应堆，4 座 1450 兆瓦级反应堆以及 1 座 250 兆瓦级的凤凰块堆。法国在全国大力发展核电站，这大大降低了温室气体的排放量，是欧洲联盟人均排放量的一半，因此取得了较好的环境效果。

法国与德国联合开发出的 1500 兆瓦级欧洲压水反应堆（EPR）于 1997 年完成设计，是欧洲目前最先进的核反应堆。另外，法国也有很强大的核电出口实力，比如我国的广东大亚湾和岭澳核电站部分机组就是由法国公司提供的。

日本正在运行中的核电机组为 54 座，核电份额占全国总发电量的 36% 以上，居世界第三位。在所有正在运行的反应堆中，压水堆有 23 座，沸水堆有 28 座。此外，它有 1 座 280 兆瓦的文殊块堆。在改进型沸水堆方面，日本目前居于世界领先地位。

德国正在运行中的核电机组为 20 座，核电发电份额占全国发电总量的 31% 以上。在所有核电机组中，压水堆有 14 座，沸水堆有 6 座。但是目前，德国政府正在考虑逐步取消核电站，这导致了德国的核电发展呈现了下降的趋势。德国西门子公司在与法国公司共同研制欧洲压水堆的基础上，又开发了一种 1000 兆瓦的先进型沸水堆设计（SWR-1000）。这种反应堆具有高燃耗和安全性性高等优点。

俄罗斯共有核电机组 29 座，核电份额约占总发电量的 15%。它正在运行着 13 座水动力堆（VVER）和 11 座石墨慢化压力管式反应堆，4 座小型 EPG 沸水堆（48 兆瓦）以及 1 座 BN – 600 快堆（600 兆瓦）。俄罗斯（前苏联）是欧洲核电技术发展最早，也是堆型技术发展最多的国家，东欧国家的核电反应堆型号其实都源于前苏联。苏联解体后，俄罗斯国力衰弱，只有 15% 左右的电力是来自核电。再加上俄罗斯经济的不景气，其核电发展速度正在减缓。俄罗斯设计的核反应堆的安全性可以和西方国家相媲美。在东欧这个大核电市场，俄罗斯始终占据着重要的地位，它还在向亚洲核电市场扩展。比如我国建造中的田湾核电站就有俄罗斯提供的压水反应堆。

韩国正在运行中的核电机组有 21 座，主要是压水反应堆和加压重水反应堆，核电份额约为全国发电量的40%。韩国政府计划到2015年，使本国的核电运营机组能够达到28座。目前，韩国在1000兆瓦改进设计KSNP压水反应堆基础上，又开发出一种新型的1300兆瓦级压水堆。同时，韩国还在引进加拿大核反应堆的基础上，积极发展自己的压水堆。此外，韩国还在积极开发液态金属反应堆。

英国正在运行的核电机组有19座，核电份额约占全国发电量的29%。英国政府始终把发展核动力作为其长期能源战略的一部分，他们认为核动力有助于限制温室气体的排放量，核电与天然气发电相比，每年可减少约3500万吨温室气体的排放。英国核工业在核安全、环境保护和退役技术方面拥有一定的技术水平。英国还对其大部分核电工业实行了私有化。

加拿大正在运行中的核电机组有18座，核电份额约占全国发电量的13%。加拿大是世界上唯一一个研制加压重水堆的国家，也是世界核电市场的重要竞争者。加拿大的CANDU反应堆已发展了六代。我国的秦山三期2台700兆瓦机组，就是引进加拿大的CANDU-6型加压重水堆。随着压水堆乏燃料制造CANDU型燃料元件的成功，压水堆乏燃料直接用于CANDU堆的DUPIC计划已达到一个意义重大的里程碑。

中国也一直在积极发展自身的核电工业。目前，正在运行的核电站是浙江杭州秦山核电站、广东大亚湾核电站、江苏连云港田湾核电站以及广东岭澳核电站，共有运行机组13座，核电份额约占总发电量的2.2%。现在正在建设中的核电站有辽宁红沿河核电站、福建宁德核电站、福建福清核电站、广东阳江核电站、浙江方家山核电站、北京实验快堆、浙江三门核电站、广东台山核电站、山东海阳核电站、山东石岛湾核电站和海南昌江核电站。

下篇 核电风波

第二章 三哩岛核电站事故：首次核电站堆芯熔毁事故

三哩岛2号反应堆建成只有三个月的时间，就由反应堆内的一个阀门引发了一起严重的堆芯熔毁事故，附近数十万居民惶恐不安，不明情况的人群纷纷举家逃离这个危险的地区。就连当时的美国总统也不得不亲临核事故现场，对当地的民众进行安抚。这次核事故虽然对人造成的影响是微弱的，然而却给美国，甚至世界的核电发展蒙上了厚厚的阴影。事故发生后20余年间，美国再也没有建造任何核电站。

1 三哩岛核电站
——压水堆型核电站

三哩岛核电站位于美国宾夕法尼亚州首府哈里斯堡东南约 15 千米远的萨斯奎哈纳河的三哩岛上。1979 年 3 月 28 日，这个核电站发生了美国核电历史上最严重的事件——三哩岛核电站事故。

1971 年，美国在三哩岛上兴建了第一座压水反应堆（1 号堆），电功率约为 790 兆瓦，这个反应堆于 1974 年投入运营。1973 年，美国人又开始动工兴建第二座压水反应堆（2 号堆），电功率约为 880 兆瓦，其于 1978 年 12 月建成。此时，这两个反应堆的总容量已经达到了 1700 多兆瓦，它们发出的电量足以满足 30 万户家庭的需求。相对于美国以前建设的反应堆，这两座反应堆的发电量已经是大大增加了。

这两座反应堆是由美国宾夕法尼亚电力公司、泽西中央动力和电灯公司以及大都市爱迪生公司合办的，大都市爱迪生公司负责核电站的管理工作。其实，这三个公司都是美国公用事业总公司的子公司。

三哩岛核电站由于属于商用核电站，因此它的功能相对来说较为简单。1 号和 2 号反应堆机组由各自的反应堆提供能源。核反应堆内部核燃料产生核能，强大的核能可以将水加热，热水进而产生蒸汽，蒸汽再推动汽轮机转动，最终通过发电机产生电能。

当时，美国核电站的核燃料基本上是铀。在 2 号反应堆里，堆芯里存有

100 多吨铀。由铀形成的二氧化铀，被制成圆柱形芯块。每个高约 25 毫米，直径有 10 多毫米。这些芯块都按照一定的次序放置在燃料棒中。

2 号核反应堆里面装有 2.6 万多根燃料棒，每 208 根燃料棒组成一个组件，总计是 177 个组件。在那些燃料组件中，除了燃料棒和控制棒，还有一些测量仪器。2 号堆里就有 52 根装仪器的管子以及 69 根装控制棒的管子。控制棒上有吸收剂，吸收剂是由 80% 的银、15% 的铟和 5% 的镉组成的，它们在反应堆里能够有效地吸收中子。中子一旦没有了，就不会再去分裂其他原子，链式反应因此就会终止。

假如将控制棒拿出，那么链式反应就会继续进行。核电站工作人员通过调节控制棒的数量以及提升的长度，就能够控制核电站的发电功率。而控制棒则用磁性夹具夹住，假如核电站发生事故，磁场受到破坏，那么控制棒就会在重力作用下落入堆芯，从而使链式反应停止。

一般情况下，核反应堆由于浓缩铀的丰度很低，因此不会像原子弹那样发生爆炸。其主要的危险是来自于反应堆内在进行核裂变反应时产生的放射性物质。这些放射性物质在反应堆的燃料棒、冷却系统、安全壳发生破损的情况下，就很有可能出现核泄漏，从而导致严重的后果。

三哩岛核电站

核反应堆内部的燃料棒本身就可以贮存铀燃料芯块产生的放射性物质，能够防止放射性物质的外逸。为了进一步预防可能出现的核泄漏，人们在三哩岛核电站2号堆内部建造了一个高约12米、厚约20厘米的压力壳，用以容纳反应堆堆芯以及控制棒。

在这一压力壳外面又有两层由钢筋与混凝土组成的3米厚的屏蔽层，主要是用来吸收从堆芯释放出来的放射线与中子。最后，人们在2号堆最外面还建造了一座钢筋混凝土安全壳，安全壳大约有60米高，壳壁有1米厚。

在三哩岛的两个核电机组，为供应用来转动汽轮机的蒸汽，采用的是压水反应堆蒸汽供给系统。核反应堆正常运行时，在压水反应堆堆芯加热的水保持在“饱和点”以下，也就是温度和压力处在使水沸腾和转化为蒸汽的状态。如果出现核事故，形成的蒸汽本身并没有多少危险，而且它在一定的程度上也可以用来冷却燃料棒。然而一旦堆芯的冷却水沸腾太多致使堆芯外露，那么核泄漏就很有可能发生了。

在正常运转的状况下，三哩岛2号反应堆机组系统的主要组成部分有：反应堆及其燃料棒、控制棒；用以产生蒸汽并推动汽轮机转动的水，水还能够防止燃料棒过热；两台蒸汽发生器；一台用来驱动发电机发电的汽轮机；使各系统水能够正常循环的泵；一台装有大量水的稳压器。

一般情况下，进入三哩岛2号机组反应堆的水，是在一密闭式管路系统（即所谓的“反应堆冷却系统”或者“一回路”）中流通的。四台反应堆冷却剂泵能够把水打入反应堆，而每台泵各又由一台9000马力的电动机驱动。在核反应堆内，水在每根燃料棒周围流动时吸收热量，然后通过直径大约为1米的不锈钢管而进入蒸汽发生器。

这些从反应堆冷却剂系统来的水是很热的，它们会流入蒸汽发生器里一系列抗腐蚀的管子。与此同时，来自给水系统或“二回路”的水打入蒸汽发生器。然后，这两部分温度不同的水在蒸汽发生器内就会进行热量交换。

蒸汽发生器内的给水在管子周围流动，而这些管子内有从反应堆冷却剂系统来的热水。一部分热量传给较冷的给水，使给水沸腾，变成蒸汽，产生的蒸汽从两台蒸汽发生器被引至汽轮机，然后驱动汽轮机转动，进而带动发电机发电。

来自反应堆冷却剂系统的水，在失掉一些热量之后，会由泵再流回核反应堆，在燃料棒周围再次吸取热量，然后再进行下一轮的循环过程；而来自给水系统的水，转化为蒸汽，驱动汽轮机转动后，就又被送到凝汽器，在这里蒸汽又凝结成水，最终再重新打入蒸汽发生器里。

实际上，冷却凝汽器的水也是在一密闭系统或回路中循环。它冷却凝汽器，吸收热量，再由泵流回冷却塔。在冷却塔里，水沿着一系列的梯级，如同瀑布似的落下来。在落下之时，热量释放到了外界空气中，产生云雾状的白色水蒸气，从冷却塔飘入空中，然后再由泵把水打回凝汽器，重新开始它的冷却过程。

在正常情况下，无论是冷却凝汽器的水，还是从冷却塔冒出来的云雾状水蒸气，或是给水系统的水，是都不存在放射性物质的。但是，那些流经反应堆冷却系统的水，却是含有放射性物质的。因为它在靠近反应堆堆芯时，接触到了放射性物质。

汽轮机、发电机以及大多数的给水管路都在安全壳以外的其他建筑物里。而蒸汽发生器的水既有来自给水系统的，又有来自反应堆冷却剂系统的，因此它们与反应堆以及稳压器一起都被装在安全壳之内。

一般情况下，人们在设计核电设备的时候会采取多种措施，用来防止系统出现的各种故障。每个主要系统都有一个自动的备用系统，以便在发生故障时可以代替它。例如，在失水事故（反应堆失掉冷却水而引起的事故）时，紧急堆芯冷却系统即自动开动核电站内的有关设备，以保证冷却水能够淹没堆芯。

在三哩岛发生事故的 2 号机组中，紧急堆芯冷却系统中有一个极重要的部分，那就是高压注射泵。在阀门卡住、管子破裂或其他情况的泄漏而失掉冷却水时，这些高压注射泵可以以每分钟近 4000 立方米的水量给堆芯送水，从而保证核电站的安全。

但是如果核电厂的工作人员没有按照设计要求进行维护与运转，以此来发挥这些设备的作用，紧急堆芯冷却系统也是不会起到作用的。三哩岛核电站的工作人员在这一点及其相关的几点上的失误，最终导致了令人惊心动魄的核事故的发生。

2 一个阀门引发的严重事故
——事故从2号堆开始

1979年3月28日凌晨4点左右，三哩岛核电站的2号反应堆在完成例行检修后，重新开始了运行。当功率逐渐提升到额定范围时，2号反应堆蒸汽发生器的给水泵不知什么原因，突然跳闸，很快就停止了运转。

当泵停下来时，蒸汽发生器的水也停止了流动，没有给水加进去，很快就没有了蒸汽，因此核电站的安全系统把汽轮机及其所带的发电机自动关掉。三哩岛的这个事故持续了2秒钟。

产生蒸汽是核反应堆内部结构的一个关键性功能。蒸汽不仅用来推动发电机去发电，并且由于蒸汽产生出来了，它还带走反应堆水所携带的部分热量。

当给水停止流动时，反应堆冷却剂的温度增加了。迅速升温的水很快就发生了膨胀。稳压器水位（稳压器罐内部的水位）开始上升，罐顶部的蒸汽被压缩了。稳压器内部压力开始上升，然后其顶部的一个被称为导阀控制的释放阀（PORV）打开了，蒸汽与水流开始通过一根疏水管流出反应堆冷却剂系统，然后到达了安全壳大厅地板上的疏水箱内。

在第一台水泵跳闸8秒钟以后，三哩岛2号反应堆按照设计的要求而紧急停堆了，其控制棒自动地掉入了反应堆芯以停止其再进行核裂变反应。其后不到 1 秒钟，裂变发热基本上是停止了。

但是，和在任何核反应堆中一样，由核裂变过程造成的衰变放射性物质还在继续把反应堆冷却水加热。虽然产生的热量只是正常核裂变时产生的能量的极小一部分，但它的温度仍旧是非常高的。如果不及时地将这部分水送走，那么反应堆堆芯就会过热，进而出现难以想象的问题。

当给蒸汽发生器正常供水的水泵关掉时，三台事故给水泵自动地启动了。在事件发生后 14 秒时，三哩岛 2 号机组控制室内的一个工作人员注意到事故给水泵是在正常运行。但是他没有注意到两个信号灯，这两个信号告诉人们，两条紧急给水管线的每一条上都有一个阀门是关掉的，因而其实没有水能送到蒸汽发生器。一个信号灯上还覆盖着一个黄色检修标志。没有人知道工作人员为什么没有发现第二个信号灯。

随着反应堆紧急停堆和导阀控制的释放阀的打开，反应堆冷却剂系统中的压力下降了。到此为止，反应堆系统对汽轮机跳闸的一连串反应是正常的。在发生事故 13 秒钟后，当压力降到一定程度时，导阀控制的释放阀应该关闭，然而它并没有关闭。而且在控制室屏幕上的一个用来指示打开导阀控制的释放阀的电源的信号灯竟然出了毛病，这使得核电站的工作人员以为阀门已经关上了。

但是导阀控制的释放阀就在打开状态被卡住了，而且继续保持打开有 2 个多小时的时间，因而排放出所需要的冷却水，三哩岛核电站变得越来越危险。在事故发生后的 1 个多小时里，约有 120 多立方米的水（超过反应堆冷却剂系统总容量的三分之一）通过导阀控制的释放阀流到了反应堆的排放系统中。

如果阀门按照其所设计的那样关上，或者核电站控制室的工作人员认识到这个阀门是卡在打开状态并且关上后备阀以堵住冷却剂水流，又或者他们只要简单地让核电站高压注入泵开着，那么三哩岛或许就不会出现后来那么大的事故。

随着导阀控制的释放阀卡在开启状态以及热量被蒸汽发生器除去，反应堆冷却剂系统的压力和温度下降了。同时，稳压器中的水位也降低了。

事故发生13秒钟后，核电站工作人员开动了一台水泵给核电机组系统添水。由于系统中的水冷却而收缩了，因而需要更多的水去充满这个系统。

事故发生48秒钟后，压力继续下降，由于注入系统中的水量大于通过导阀控制的释放阀损失的水量，稳压器中的水位因此开始上升。

事故发生1分45秒后，因为反应堆紧急供水管是关掉的，蒸汽发生器也烧干了。在蒸汽发生器烧干了以后，反应堆冷却剂重新被加热并发生膨胀，这使稳压器的水位进一步上升。

事故发生2分钟以后，随着稳压器水位的继续上升，反应堆冷却剂系统内的压力急剧下降。两台大型水泵开始自动地以每分钟约4立方米的水量将水注入系统。这些水泵属于高压注入泵，它们是反应堆紧急堆芯冷却系统的一部分。

稳压器中的水位继续上升，而工作人员却习惯于维持稳压器中的某一水位，因此将这个现象误认为系统中有足够的水。但是，反应堆冷却剂系统水压在下降，而其温度变为了恒定。

在高压注入泵运行2.5分钟后，控制室工作人员关掉了一台高压注入泵，并把第二台高压注入泵的流量降低到每分钟0.4立方米以下，原因就是他们认为高压注入如果过量，很可能会更难控制反应堆冷却剂系统的内部压力，并有可能毁坏系统。但是，他们忘记了重要的一点，那就是系统的失水会引起反应堆堆芯的外露。

事故发生5分钟后，气泡开始在核反应堆的冷却剂系统中形成，在反应堆内部把冷却水排挤掉，排挤出来的水进入了稳压器使其水位越来越高。这个现象继续让工作人员认为系统中还有足够的水。其实，他们没有认识到水实际上正在反应堆内急剧地蒸发为蒸汽，而由于系统排出的水比加进去的要多，反应堆堆芯正在逐渐外露。这时，工作人员开始通过排放系统的管路来放掉反应堆的冷却水。

事故发生8分钟后，工作人员发现了紧急给水没有送到蒸汽发生器里，于是打开了紧急给水阀，水才得以冲进蒸汽发生器里面。

事故发生 11 分钟后，核电站发出了安全壳大厅存水槽内高水位的报警信号，这很清楚地表明系统中出现了泄漏或破裂。水和蒸汽混合在一起，已从打开的导阀控制的释放阀跑出来，首先落进安全壳大厅地板上的疏水箱内，最后疏水箱装满了，水流入了存水槽。

在凌晨 4 点多，由于箱内压力上升，疏水箱上的一块防爆膜爆破了，这就使得更多的低放射性水跑到地板上并流进了存水槽，水从存水槽被水泵打到了核电站附属建筑内的一个箱内。

5 分钟以后，测量堆芯内部中子的仪器出现了比正常情况要高得多的计数，而工作人员没有意识到的另一个迹象就是在堆芯内有了气泡并且迫使冷却水离开了燃料棒。

在这个时候，安全壳大厅内的温度和压力由于热量和经过导阀控制的释放阀与疏水箱逸出的蒸汽而迅速上升。接着，工作人员开动了安全壳大厅内的冷却设备与风扇。但是，他们没能认识到由于核电站的失水事故才引起了这些情况，因而再次耽误了发现并解决事故的宝贵时间。

5 点钟以后，三哩岛 2 号堆的四台冷却剂泵开始强烈振动。工作人员担心这种强烈的振动可能毁坏泵，于是先后关掉了这些冷却剂泵，让那些通过堆芯冷却水停止了强迫的流动。

在早上 6 点的时候，一些反应堆燃料棒包壳在它们内部的高气压下出现了损坏的情形，燃料棒内部的某些放射性气体因此跑进了冷却水中。

随着冷却剂从打开的导阀控制的释放阀中继续流出，同时又很少加进水去，反应堆堆芯顶变成了外露，到了这样的程度，燃料棒包壳的锆合金和蒸汽发生反应，进而产生了氢气。然后，一些氢气通过打开的导阀控制的释放阀和疏水箱跑进了安全壳大厅，有一些留在反应堆内部。安全壳大厅内的辐照报警因而发出了最早的警告。于是，三哩岛的核事故终于引起了人们的注意。工作人员在上午 6 点半左右，即在导阀控制的释放阀打开了 142 分钟以后关上了止阀（一个在导阀控制的释放阀卡住关不上时能够关闭的后备阀）。反应堆的失水停止了，并且压力开始上升，但反应堆内部的损坏在继续。

在上午 6 点钟以后，辐照水平就在迅速增长，30 厘米高的堆芯已经有三分之二的高度出现了外露。在上午 6 点 54 分，工作人员打开了一台反应堆冷却剂泵，但在 19 分钟以后又由于强烈振动把它关掉了。

上午 7 点 20 分，反应堆安全壳大厅圆顶上的辐照监测器读数现实为每小时 8 雷姆。监测器是用铅屏蔽的，屏蔽能够使到达监测器的放射性降低到 1%。这样，在控制室得到监测器警报那就意味着，此时安全壳大厅内的辐照水平已经达到了每小时约 800 雷姆。与此同时，工作人员打开了高压注入泵，再一次把水灌入反应堆内部，但是这种大流量的注入只保持了 18 分钟。其他的辐照报警器在控制室内响了。

在三哩岛核电站事故发生 3 个多小时以后，也就是在 7 点 24 分左右，三哩岛核电站的负责人将此次事故升级为了全面紧急状态。于是，人们开始一方面疏散人群，一方面采取各项措施来控制事态的进一步恶化。

3 紧急抢修核电站——数十万人惊恐不安

三哩岛核电站事故出现以后，美国相关部门迅速作出了反应。1979 年 3 月 28 日上午 7 时 45 分，美国核管理委员会设在宾夕法尼亚州普鲁士王市的办公机构就接到了相关的消息，15 分钟后，该机构位于华盛顿特区的总部发出警报，其行动中心迅速动员起来，并派出一队人员前往出事地点。之后，美国能源部、环境保护署也动员各自部门的反应部队，积极进行核电站的抢修工作。

差不多在事故开始 4 小时以后，2 号反应堆的安全壳大厅自动地隔断了。

隔断是用来防止核反应堆释放的放射性物质跑到外部的环境中去。大厅没有完全关死。载有冷却剂的管路连通着安全壳大厅以及附属建筑。当安全壳大厅隔断时，这些管子关掉了，但是运行人员还能够打开它们。这在三哩岛 2 号堆发生过，并且放射性水即使在发生隔断时，也通过了这些管路流过。通过一些这样的管路，放射性物质漏进了附属的建筑，某些放射性物质就从那里散逸到了外面的大气中。

在最初设计三哩岛 2 号机组之时，安全壳大厅内压力只有增长到一定程度时才会实行隔断。如果只是辐照水平增加了，实际上不论有多强，都不会启动隔断动作，紧急堆芯冷却系统动作也不会启动隔断动作。虽然在三哩岛核电站发生事故的 2 号机组中大量的蒸汽很早就通过打开的导阀控制的释放阀进入了安全壳大厅，工作人员也已利用大厅的冷却和通风系统来让那里保持一个较低的压力，但是在三哩岛 2 号机组事故中，隔断动作对事故的后果已经影响不大了。

一些释放到大气环境中去的放射性物质是在隔断发生后由于排放系统的泄漏而发生的，这种泄漏还把放射性水带出了安全壳大厅并带进了附属的建筑厂房中。

在上午 8 点 26 分，工作人员又一次打开了紧急堆芯冷却系统的高压注入泵，将水注入到反应堆中，并且保持了一个相当高的流量。这个时候，堆芯依旧是外露的，一直等到上午 10

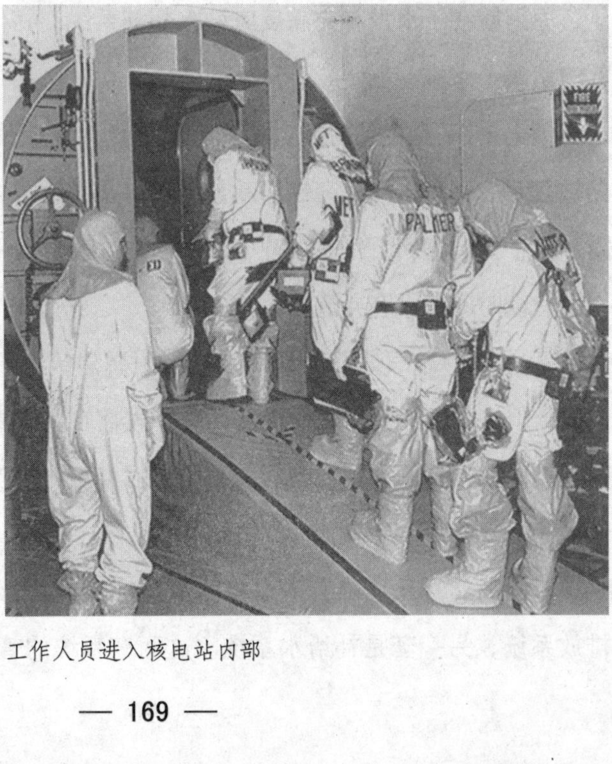

工作人员进入核电站内部

点半左右，高压注入泵的水才把堆芯重新完全淹没。

在上午 9 点 15 分，核管理委员会把三哩岛事件通知了白宫。到上午 11 点，由于 2 号机组控制室放射性水平大幅地增加，因此所有非必需人员均受命离开反应堆。同时，美国宾夕法尼亚辐射防护局和核管理委员会都请求美国能源部从布克海汶国家实验室派出小组以帮助监测环境的放射性。

与此同时，美国民众通过新闻机构知道了三哩岛核电站出现事故的消息。最初传出的信息是模糊并且矛盾的。运营三哩岛核电站的公司声称局势是可控的，然而该地所属市的市长办公室官员在向白宫报告时却表达了相反的观点，非常担心形势会恶化，甚至担心发生氢气爆炸。随着对三哩岛的担心情绪的增长，报刊、电视台和广播电台的记者们和拍摄人员纷纷来到了三哩岛进行采访报道。

而在三哩岛核电站，控制室里挤满了工作人员和管理人员，他们试图使核电站得到控制，尝试着建立自然循环的冷却，就是不用机械，而是用在堆芯内把水加热和在蒸汽发生器内冷却的办法来造成水流动。但是，这个尝试失败了，原因就在于水没有充满反应堆冷却剂系统，并且在反应堆顶部形成的一个气泡堵塞了水流。

到上午 11 点半的时候，工作人员开始对反应堆系统减压。稳压器截止阀门被打开后，高压注入突然切断，结果再次导致了失水，并且使反应堆堆芯暴露。这个尝试直到下午 8 点钟才结束。在这个过程中，堆芯暴露的范围、大小以及持续时间都没有弄清楚。

到了 3 月 29 日，核电站 2 号机组附属建筑内部有几处的放射水平仍然是高的，但在外面的指示表明没有问题。人们在大气中没有检测到放射性碘。同时，美国联邦食品和药物管理局开始对污染区内的食物、牛奶以及水进行放射性监测。

三哩岛 2 号反应堆有一套将水从反应堆的冷却剂系统排出的设备，叫做排放系统，另一套是补给水系统。这两套系统的管路都穿过 2 号机组的附属

宾夕法尼亚州州长理查德·索恩伯格建议儿童和孕妇离开三哩岛周边地区

建筑。

核管理委员会的官员怀疑这两套系统的泄漏说明有偶尔发生的、失去控制的放射性物质的排放。同时，附属建筑内补给水箱水位和两台废气衰变箱更值得人们去关注。水从排放系统流进补给水箱。在这个水箱里，由于水箱压力较低，就如同汽水瓶打开后在加压了的饮料里冒出泡沫一样，在高压下溶解于反应堆冷却剂内的气体就被释放出来了。这些气体在正常情况下，是被压缩并贮存在废气衰变箱里的。

由于担心一旦废气衰变箱贮满了放射性气体，释放阀就很有可能被打开，从而使放射物连续不断地泄漏到周围的环境中去，因此宾夕法尼亚州州长于3月30日下令在以三哩岛为中心，8千米半径范围内的孕妇和学龄前儿童离开这个地区，16千米范围内的学校全部关闭，设在米德尔城的宾夕法尼亚州立大学分部也停课一周。但其实，很多人举家出逃到20千米以外。据估计，3月31日—4月11日撤离核事故发生地的人数高达8万。在核电站周围32千米的半径内，大约撤走了20万居民。

如此大规模的撤离无疑引起了更多人的恐慌情绪，而且有些新闻媒体还特意夸大核事故的影响。在政府和新闻媒体的作用下，生活在三哩岛地区的居民都争先恐后地离开这里，从而引起了世界性的轰动，最终给三哩岛核电站事故蒙上了一层恐怖的阴影。

美国民众在听到了此次事故的消息后十分震惊，由此引发了一连串的反核浪潮。在附近建有核电站以及在建核电站的城市，民众纷纷上街参加集会示威，要求政府停建或关闭核电站。

美国首都华盛顿更是到处粘贴反核标语。为了安抚民众的情绪，4月1日，美国总统卡特偕同夫人亲自视察了三哩岛核电站，亲自指挥处理事故并指示调查事故的起因。

同时，为了预防可能从三哩岛上释放出来的放射性碘，美国公司开始昼夜不停努力生产大量的医药用碘化钾。碘化钾可以防止放射性碘沉积在人体的甲状腺中。到了星期天，第一批碘化钾就运到了哈里斯堡。等到最后一批在4月4日运到时，其总数已经超过了23万瓶。

为了控制事态的进一步扩展，美国相关部门除了对公众进行预防性的安全撤离措施外，还在采取措施防止反应堆内发生氢气爆炸，并控制堆芯的温度。

反应堆内产生的氢气是热蒸汽与燃料棒的锆包壳发生高温反应的产物。要使氢气发生爆炸或燃烧，就需要有足够的氧气进入系统内以形成爆炸性混合物。在最开始设计的时候，设计者估计在发生严重事故的情况下，氢气浓度也不会超过2%，所以在反应堆系统内没有设置消氢装置。可是这次核事故发生后不到10小时，人们就发现反应堆内的氢气浓度超过了安全的标准，人们曾一度陷入极度紧张与不安之中。

科学家们估计，如果安全壳内空气中的氢气浓度超过4%，那么就很有可能发生严重氢气爆炸事故。

为了防止发生氢气爆炸，抢险人员首先采用催化复合器以降低安全壳内空气中的氢气浓度，其次是尽力降低一回路水中的氢含量，以迫使更多的氢从堆内空腔气包中转入冷却剂。

但是操作人员由于缺乏判断能力以及必要的训练，致使在操作上屡次出现失误，并造成堆芯内逐渐失水。抢险人员努力使一台主冷却泵恢复工作，尽力使堆芯降温。

此外，核电站抢险人员还制订了一套万一发生意外情况时的应急救援计划，即一旦所有冷却泵都失灵停转就启动自然循环，如果自然循环也失效，就采用人工启动高压注入泵注入冷却水，以此来冷却堆芯温度。

经过一个星期的日夜奋战，反应堆堆芯温度才开始下降，蒸气泡消失，这意味着引起氢爆炸的威胁消除了。到了 4 月 27 日，2 号核反应堆才完全稳定下来，实现了安全停堆。

4 三哩岛核电站事故的影响
——美国从此弃核二十余年

实际上，三哩岛 2 号反应堆在之前已经发生过多次这样的故障，但都没有导致意外事故的发生，每次计算机控制系统都很快采取措施及时排除了故障。而且在事故发生前，已有人反映过事故隐患，但却没有得到应有的重视并引起人们的警觉。于是，这次就酿成了重大的事故，并发展成全世界首例反应堆堆芯发生熔解的重大核危机。

一名核管理委员会的技术人员在距事故发生地不到5英里的宾州米德乐敦一家邮局外检查辐射情况

所幸的是，在这次核事故中，没有出现任何人员伤亡，因为核电站安全壳的有效保护，所以只有少量的放射性气体排了出去。

事故发生后，有关机构对周围居民进

行了连续跟踪研究。据调查，经多次采集核电站下游的两个不同地点的河水样品，人们都没有检测到任何放射性物质；在三哩岛核电站附近的220万居民中没有人发生急性辐射反应；三哩岛周围居民的癌症发生率也没有显著增高；当地农作物产量没有发生异常变化；三哩岛附近没有发现动植物的异常现象。所有调查研究的结果表明，三哩岛核电站事故对环境以及周围居民产生的危害是很小的。

在事故中泄漏的放射性碘，它就比之前人们的预想小得多，只有核管理委员会假定的三千分之一，居民所受辐射剂量如此之小，甚至可以忽略不计。

三哩岛核电站事故的教训，主要在组织管理、操作人员素质培训等方面，特别是操作人员的屡次操作失误，才导致了事故的不断升级。当时在处理事故过程中，几个操作人员甚至连堆芯内因失水造成温度过高引起堆芯沸腾的问题都没有想到过，而且在安全壳内观察到有强放射性水平以后的三四天里仍没有意识到燃料元件包壳可能发生了严重的损坏。

为了保证反应堆的安全，三哩岛核电站设计了多层防护结构。如果电站工作人员没有强行干预电站安全系统与设备的工作，堆芯损坏和放射性的泄漏其实是不会发生的。

由此可见，核电站工作人员在技能水平、判断能力等方面都需要进行实践知识训练，以提高自身的素质水平。

此外，三哩岛核电站事故也暴露出核电站在安全控制系统上的一些缺陷，比如如何防止一些人为故障与及时预测、预报等问题。一旦工作人员出现了错误操作，在安全系统中就要能及时反映出来，以提醒相关人员能及时纠正自己的错误。

三哩岛核电站事故以前，人们一直认为核电站在设计、建造和运营方面是非常可靠的，发生严重事故的概率很小。即便发生事故，对核电站以外也几乎没有任何放射性影响。正是这种对核电站本身的可靠性的过度自信，因此人们才会缺少严重事故可能发生的充分思想准备。

此外，核事故的发生与美国政府多少也有一点关系。第二次世界大战后，美国忽视了政府的核事故总体应急计划，联邦、州以及当地政府的应急计划也缺乏有效的组织领导。

三哩岛核电站事故发生以后，它对于核电站本身以及美国政府都产生了极为深远的影响。

第一，100 吨铀燃料在此次事故中虽然没有熔化，但有 60% 的铀棒受到损坏，反应堆最终陷于瘫痪。直到一年以后，这个反应堆才重新开放。而 1 号反应堆虽然还可以使用，却在此后遭到当地居民的反对，电站不得不向邻州，甚至一度想要向加拿大购买电力以维持当地居民的用电需求。

第二，核事故发生后，安全壳大厅中还有放射性气体和严重损坏的高放射性堆芯。放射性物质使各个工艺间的四壁、地面和设备受到了污染。为此，美国提出了一个在该国核动力工业史上空前的去污计划，完成去污工作将需要几年的时间。最终，这项计划仅仅核污染清理费用就耗费了 10 亿美圆。

第三，由于三哩岛核电站事故，民众不再对核电工业充满信心，核泄漏和核武器试验使得普通美国人对核辐射产生强烈的担忧情绪，核能成为了一个备受批评与攻击的话题。美国许多大城市都发生了群众集会与游行，美国九十个和平、环保、劳工和宗教组织还决定向华盛顿进军以示抗议。西德、瑞典、瑞士也有类似情况发生，日本等国还派遣专家到美国调查了解相关情况。

在当时，核电已经具有不可替代的影响力，在经济上它还是相当便宜的，而且核能使得美国部分摆脱了对石油进口的严重依赖。这时，美核管理委员会匆忙宣布暂停颁发新的核电站营造和运行许可证。在事故发生后五年内，美国政府更是直接取消了 51 个核电站建设项目。从某种意义上说，三哩岛核电站成了反核运动的“集结号”。

正是从 1979 年起，美国蓬勃发展的核能产业一下子变得困难起来，20 多年间，美国都没建起一座核电站。

第四，核事故使得美国建立了更为严格的核电站安全标准。美国政府想方设法提高操作人员的操作、判断水平，为管理人员提供相应的知识和工具。现

在技术人员努力应付可能存在的易爆气体泡时，卡特参观了反应堆控制室，以此平息公众的恐慌。

在，美国每个核电站都必须有模拟控制室，这是和核电站神经中枢一模一样的模拟器。控制室操作者每六个星期中有一个星期就要在这个模拟控制室进行训练。训练是非常逼真的。所有操作人员都必须接受培训，目的就是为了提高他们的应急反应和处理事故的能力。

第五，此次事故所造成的经济损失和环境污染是有限的，而它产生的政治影响和社会影响是巨大的。

这次核事故使得美国时任总统吉米·卡特亲临事故现场，宣布了“美国不会再建设核电站”的决定。三哩岛核电站事故后，卡特又在顾问们的警告下没有发表赞许核能的讲话。那些曾经拥护核能的人士也纷纷闭口。1979 年底，卡特政府明确表示：“核能应当作为最后一种可供选择的能源。”

法国、联邦德国政府的在野党都利用这一次事故，反对执政党的核政策。瑞典前首相费尔丁是因为反对发展核动力而下台的，这次则到处活动，反对搞核电，把三哩岛核电站事故变成政治斗争的一张牌。一些石油、煤炭、电力等通用能源的财团和公司一直受到核电成本逐年下降的威胁，这次则把三哩岛核电站事故当成了筹码，都打着保护人民、保卫环境的旗号，利用自己强大的号召力，对核事故推波助澜，对核能更是大加挞伐。

比如美国一个一贯反对核电的公司负责人就说，这次事故是核工业垮台的开始。

此外，当时一些军事强国由于长期执行核威慑政策，肆意宣扬核恐怖，使一些人对核产生了害怕的心理，因此一直存在着反对核电站、视核电站为不安全的社会势力。

这次事故和宣传攻势既迎合了这种心理状态，又为这种社会势力所利用，因此就大大扩大了它的社会影响。

5 美国其他核电站核泄漏事件——核泄漏威胁不断

美国可以说是世界上核电发展的先驱。世界上第一台用于发电的核反应堆是美国爱达荷州的实验型增值反应堆（EBR-1），该个反应堆于 1951 年 12 月开始进行实验。

1953 年，艾森豪威尔总统签署了美国“和平发展核能”计划，该计划对于美国核电发展具有重要指导意义。艾森豪威尔提出这一概念的目的，是“为了尽快结束人们思想中对于原子的恐惧感”，他认为原子能可变成极其丰富的电能，对世界上那些严重缺乏电能的国家来说具有重大的经济学意义。

同年，美国原子能委员会在宾夕法尼亚州建造了 60 兆瓦的船载演示型压水反应堆，该反应堆运行时间为 1957—1982 年。

美国西屋公司设计了世界上第一台完全商业化运作的 250 兆瓦压水反应堆，该反应堆运行时间为 1960—1992 年。美国阿贡国家实验室（ANL）设计了世界第一台沸水反应堆，而第一台商业化运作的沸水反应堆是由通用电气公司设计的，其功率为250兆瓦，1960年开始运行。

20世纪60年代，1000兆瓦以上压水反应堆和沸水反应堆构件的需求不断增加，美国主要核电建设项目便如火如荼地开展起来。

但是，1979年美国三哩岛核电站事故使美国的核电发展遭到了重创。为此，许多订货合同和项目不是被取消，就是搁浅，美国核工业就此遭遇了数十年的萧条期。直到1990年，100多个商业化运作的核反应堆才陆续被批准并开始运行。在美国核电发展史上，除了三哩岛核电站事故，还出现过其他核事故。

早在1961年，美国国家反应堆试验站就出现过一起事故。美国国家反应堆试验站位于爱达荷州瀑布市西部大约60千米处，反应堆采用的是单一大型中央控制棒。在对1号固定式小功率反应堆进行维护时，工作人员需要将控制棒拔出大约10厘米，但这项操作最终出现了可怕的故障。控制棒被拔出了65厘米，导致核反应堆进入临界状态，随后发生爆炸并释放出放射性物质，共造成3名工人死亡。其中一名工人被屏蔽塞钉在反应堆所在建筑的屋顶上。当时释放到环境中的核裂变产物达到1100居里左右。这个反应堆虽然地处爱达荷州偏远的沙漠地区，但核辐射还是造成了一定的影响。

戴维斯—贝斯核电站位于美国俄亥俄州橡树港北部大约16千米的地方，该核电站于1978年7月正式投入商业运营。在核电站运营的过程中，就曾出现过安全问题。1998年，戴维斯—贝斯核电站遭受了龙卷风的袭击。

2002年3月，该核电站又出现了严重的腐蚀问题。在对核电站进行维修的时候，工作人员在碳钢结构反应堆容器上发现一个约有15厘米深的腐蚀洞。容器在遭到腐蚀后，其厚度只有9毫米。反应堆容器主要是用来防止反应堆爆炸以及可能出现的冷却剂泄漏的。

假如核反应堆控制棒因为爆炸而受到损坏的话，那么关闭核反应堆与避免堆芯熔毁都将面临很大的困难。就是因为这个腐蚀洞，核电站不得不关闭了两年之久。

位于俄亥俄州的佩里核电站距离克利夫兰市有 56 千米，1987 年这座核电站正式投入商业运营。2005 年，该核电站反应堆堆芯循环冷却系统水泵出现故障，核电站不得不临时关闭。

2010 年 3 月，佩里核电站润滑系统的一台水泵发生了火灾，大火持续了好几个小时，不过火势不大，最后被控制住了。2011 年 4 月，这座核电站的工作人员在更换燃料停机的过程中，核电站内的辐射水平开始升高，之后所有的工作人员被紧急疏散，所幸的是工作人员的安全与健康基本上没有受影响。

从总体上看，美国的一些核电站虽然出现了一些核泄漏事件，但是其对人类经济发展和社会进步所起的作用也是不可忽视的。

三哩岛核电站事故是一次设备和操作事故，它不能从根本上否定核电站的安全性能。这次事故虽然是严重的，但严格来说，仍然是属于设备事故与人员错误操作的责任事故。而这种类型的事故，即使在最成熟、最经典的工业体系以及工业设备中也是在所难免的。例如，美国的采煤工业每年就要死千人以上，而航空、航海、交通行业的死亡率就更高，然而这些伤亡并不能否定这些工业的安全性。

同其他工业相比，大量事实说明，核电站的安全性能是可靠的。据统计，在 20 世纪 40 年代到 60 年代初，反应堆虽然处于发展和研制的初期，但在世界各国的各种反应堆中，只发生过四次较大的事故，有六人由于遭受大剂量辐射而死亡。

从 1961 年到 1980 年，大型商用动力堆投入运转。截至 1979 年，国外核电站已有多年的运行史，还没有发生过一次引起人员死亡的事故，反应堆本身的事故也是比较少的。国外有人因此评论道：“世界上没有别的其他工业能近似于核电生产这样安全，也没有一种现在正在利用的重要能源像核能源这样具有环境保护上的吸引力。”

此外，核电站的优越性以及世界范围内的能源短缺，使得三哩岛核电站事故并没有影响各国发展核电的信心。这次事故的后果是很微妙的，一方面是核事故造成了巨大的影响，成为各国舆论与民众讨伐的对象，但另一方面并没有根本改变世界各国的核能政策。

美国卡特总统在事故之后很快就表示，如果美国想减少对中东石油严重依赖的情况，就必继续发展核动力。他还表示要催促国会批准简化核电站审批手续的法案，以加快核电站建造的速度。

日本首相大平正芳说，日本要继续发展核动力。法国官方人士说，社会的发展总是要付出一定代价的，没有哪种工业不存在潜在的危险性。法国政府还立即宣布不改变自己的核计划，而且要加速它，法国 28 座核电站正在建造，10 座正在设计。意大利、丹麦、苏联等国都表示要继续执行核能政策和核电发展计划。

下篇 核电风波

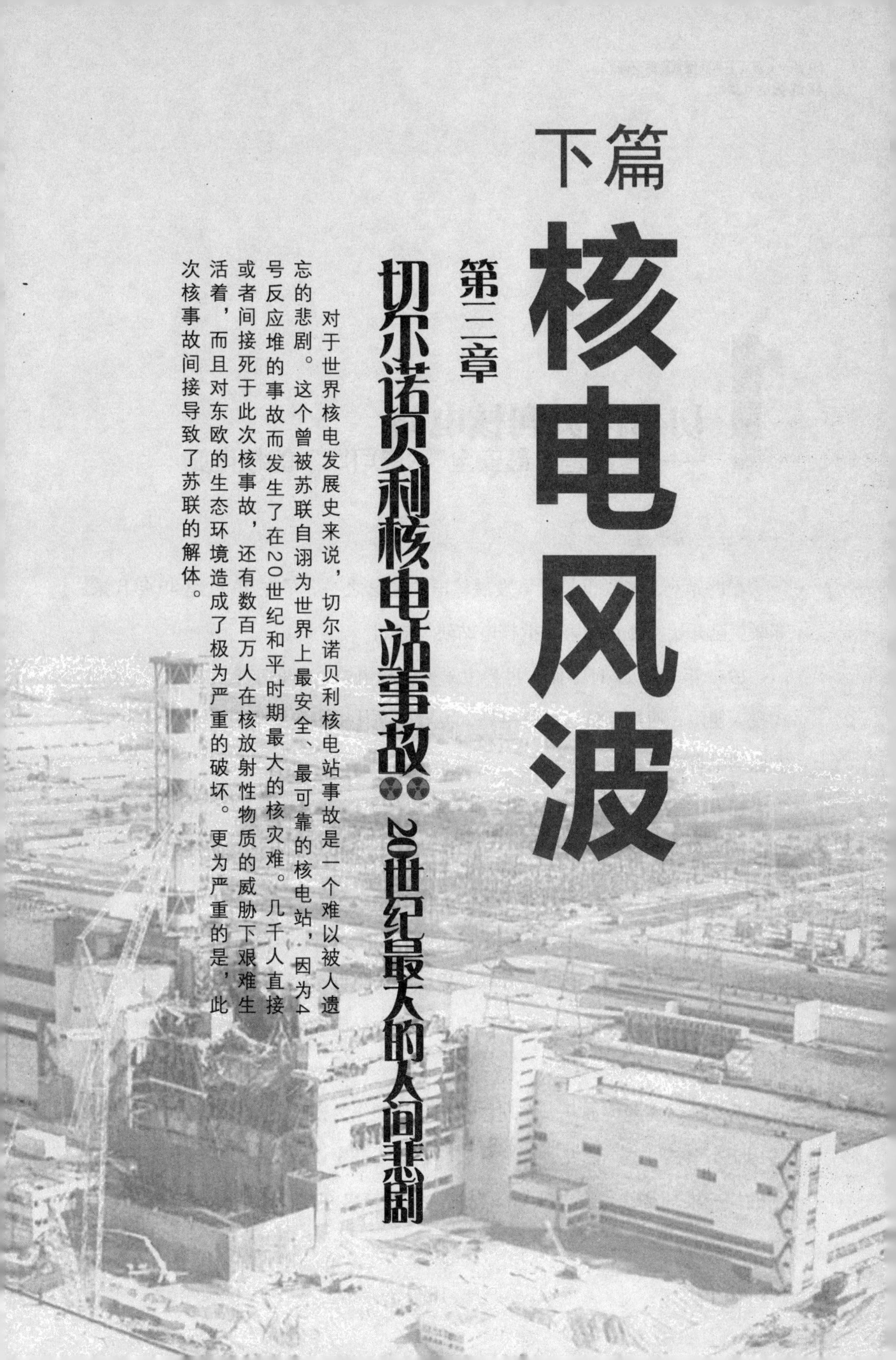

第三章 切尔诺贝利核电站事故——20世纪最大的人间悲剧

对于世界核电发展史来说，切尔诺贝利核电站事故是一个难以被人遗忘的悲剧。这个曾被苏联自诩为世界上最安全、最可靠的核电站，因为4号反应堆的事故而发生了在20世纪和平时期最大的核灾难。几千人直接或者间接死于此次核事故，还有数百万人在核放射性物质的威胁下艰难生活着，而且对东欧的生态环境造成了极为严重的破坏。更为严重的是，此次核事故间接导致了苏联的解体。

1 切尔诺贝利核电站
——曾经是“最安全”“最可靠”的核电站

在世界上，苏联也是最早发展核电的国家之一。早在20世纪40年代末，苏联就已开始实施它的第一批核电站建设规划。

1954年6月27日，作为世界上第一座核电站，奥布宁斯克核电站开始正式投入使用。通过运营这座核电站，苏联方面从中汲取了大量在利用核能发电方面的宝贵经验。

在发展核电的过程中，苏联为了确保核电站拥有一定的可靠性以及稳定性，也为了选择出其中最实用、最经济的核反应堆，其不只是研发单一类型的反应堆，而是同时进行多种型号反应堆的研发工作。

在20世纪60年代，苏联国家原子能利用委员会制定了各种类型核反应堆的研究以及发展规则。当时，苏联核反应堆的类型有容器式压水堆和沸水反应堆，管道型沸水反应堆（又称为压力管式沸水反应堆）以及用有机载热剂减速和冷却的反应堆等等。

后来通过实践，苏联人发现用有机载热剂作为慢化剂和冷却剂的反应堆只适用于小型核电站。因此，苏联最后只建成了一座以有机物作为慢化剂和冷却剂的反应堆，这就是麦列凯斯核电站。这座核电站建成于1963年，其发电功率为5兆瓦。

而对于快中子增殖反应堆，苏联也进行了一定程度的研发工作。到 1955 年，苏联第一座试验性增殖反应堆开始投入运行，1969 年一座用钠做冷却剂的 12 兆瓦试验性快中子增殖反应堆样机 BOP - 60 在季米特洛夫格勒建成并投入使用。

到 20 世纪 60 年代后期，苏联在各种型号的核反应堆的研究、设计、建造和运行等方面已经积累了一定的经验，在这个基础上，苏联选择了两种类型的热中子反应堆来进一步发展自身的核电产业。这两种反应堆类型是 В В Э Р 压水型反应堆（水—水堆）和 Р Б М К 管道型铀—石墨水冷反应堆（水—石墨，又称压力管式石墨水冷堆）。

从总体上看，苏联虽然在世界上首先建造了核电站，但是到了 20 世纪 60 年代的时候，苏联在核电领域的发展速度已经明显处在欧美等西方发达国家之后了。

苏联地大物博，人口众多，自然资源更是非常丰富。然而，这些资源在苏联广阔的国土上却分布极为不平衡。自然资源主要分布在其领土的亚洲部分，人口和工业则集中在其领土的欧洲部分，大部分电力需求也集中在欧洲部分。

为了保证能源的顺利供应，苏联每年都要把大量的煤炭、石油、天然气等能源从东向西运送几千千米，这样的长距离运输给苏联带来了严重的负担。

基于这种严峻的现实，苏联政府在 20 世纪 80 年代初作出决定，以后凡是在欧洲的领土新增电力的需要主要靠核电来满足，此外也要适当地建设一些水电站和火电站。

20 世纪 70 年代以后，苏联开始以大型化、集中化的办法来建造核电站。这表现在一方面，苏联核电机组开始向大容量方向发展，主要是建造 100 万千瓦级核电站，并发展更高功率的核电站。1975 年，苏联第一个 1000 兆瓦级核电机组（石墨水冷堆）投入运营，这成为了苏联核电向大容量方向发展的标志。另一方面，苏联在一个地区集中建造 4—6 座核电站，每个地方的装机容量为400万到600万千瓦，这样做不仅有利于缩短核电站的建造工期，降低核电造价，还能加强核电站的管理。

在核电技术政策上，苏联政府则着重于核电的实用性、经济性以及安全性，但是不追求核电技术上的全面先进。当苏联的核电技术发展到一定程度以后，就采用了完全标准化的设计以及现代化管理的流水作业施工方法，还尽量采用工厂组装好的部件和预制件，并组织专业化很高的专业队伍来进行核电站的施工建设。

到1985年，苏联的核电工业已经发展到了一定的水平，他们创造了当时世界上最高的核电站建设速度，可以在51个月的时间内连续成批建成100万千瓦级压水堆核电站。

也就是从这一时期开始，苏联开始在乌克兰境内建造该国历史上最大的核电站——切尔诺贝利核电站。这个核电站位于乌克兰的普里皮亚特，在切尔诺贝利市以西18千米处，在乌克兰首都基辅以北110千米，距离乌克兰与白俄罗斯边界只有16千米。

切尔诺贝利核电站远景

从20世纪70年代开始，苏联开始修建切尔诺贝利核电站的机房，1977年1号反应堆投入使用，1978年2号堆投入使用，1981年3号堆投入使用，1983年4号堆投入使用。在核事故发生时，5号及6号两个反应堆（每个能产生10亿瓦电力）仍在处于建造中。在建造核反应堆的同时，苏联方面也开始兴建普里皮亚特镇，主要是用来安置兴建切尔诺贝利核电站的建筑工人及工作人员。

切尔诺贝利核电站主要是由四个核反应堆组成，每个反应堆能产生1千兆瓦的电能（3200兆瓦的热功率）。在发生核事故的时候，四个反应堆总共为乌克兰提供了10%的电力。

核电站的四个反应堆都是属于同一类型，这就是RBMK-1000型反应堆。这种反应堆是苏联在20世纪50年代开发的。

RBMK-1000核电机组采用的是苏联人设计的大型石墨沸水反应堆，反应堆以石墨做慢化剂，石墨砌体直径为12米，高约7米，重约1700吨；以沸腾轻水作为冷却剂，轻水在压力管内穿过反应堆堆芯而被加热沸腾。正因为如此，在运行这种核反应堆之时，人们可以用天然铀作为核燃料，而不需要像浓缩铀与重水那样分离同位素。

反应堆坑由钢筋混凝土制成，是一个圆柱体，其上下有金属板。内部用来放置反应堆容器。反应堆容器是一个圆柱形钢铁，外径有14.52米，厚达16毫米，高为9.75米，容器上有伸缩缝以对抗各方向上的热膨胀或者收缩应力。容器中放置石墨反应堆，里面填充着氮氢混合气体，这种混合气体可以给反应堆提供一个惰性环境并帮助将石墨上的热量带到冷却管中。

减速剂块是由核能级石墨制成的，在其纵向上有直径为114毫米的孔，燃料棒和控制棒由此插入反应堆。这些石墨块则放置在一个直径为14米、高8米的圆柱形反应堆容器中。这些石墨可以承受高达730℃的温度。

减速剂放在一个圆柱形的中空水槽里。水槽内径有16米，外径为19米。水槽壁厚达30毫米，内部分为16个垂直单元。水从单元底部泵入并从顶部流出。这些水也能够被用于紧急冷却核反应堆。水槽内有温差电偶来监视水温和离子室以监控反应堆功率。水槽、沙层和反应堆坑中的混凝土也被作为额外的生物防护层。

在反应堆顶部，有着“上层生物防护层”。这是一个厚达 3 米，直径为 17 米的圆柱体，并有立管钻孔以供燃料棒与控制棒的安装。防护层上下以 40 毫米厚的钢板覆盖，并被焊牢以防止氦气逸出，同时还有着加强结构的功能。保护板与管道间的空隙用含大量束缚水的蛇纹岩填充。防护层由混凝土水箱上的 16 个滚轴支撑。防护层的结构提供了对控制棒、燃料棒、反应堆房的地板以及蒸汽管道的支撑。

在反应堆下部，还有着与上层类似的“下层生物防护层”，但下层直径只有 14.5 米，厚度为 2 米。下层同样有穿孔，以便压力管通过、承载石墨堆和提供冷却管道的入口。下层防护层下焊有两块呈直角的两块钢板，主要是用于支撑防护层并将结构负荷传递到建筑上。

上层防护层之上还有“上防护盖”。它的上表面即为核反应堆房的地板。它是防护层的一部分，并用于隔离反应堆的热量。其位于反应堆上方的中央部分有独立的可以移除的金属石墨棒。

加压燃料棒由焊死的锆合金制成，内径 80 毫米，壁厚 4 毫米，穿过石墨减速剂中央的通道。燃料棒上下端由不锈钢制成，并与锆合金以碳—铁—锆合金过渡连接。加压的管道由两片交叠的 20 毫米厚的石墨支撑。在堆芯石墨砌体中间孔道内能够装 1680 根燃料管。

切尔诺贝利核电站采用的反应堆是双环路冷却，每个环路与堆芯中的 840 根燃料管的平行垂直耐压管相连，堆芯入口处冷却剂温度为 270 ℃。冷却剂进入燃料管道，向上流动，被加热局部沸腾，汇流到一边两个的四个汽包中，汽包中的蒸气直接进入汽轮机厂房，两环路各对一台汽轮发电机组（一堆两机）各发额定功率一半的电功率。

切尔诺贝利核电站 RBMK 反应堆堆芯和堆体结构，与苏联其他石墨生产堆的结构极为类似，其反应堆也缺乏一个有效的安全壳。同时，反应堆是压力管式，由压力管承压，石墨砌体直径很大，因此也没有压力壳。

2 核电站4号反应堆
——悲剧就从这里发生

作为苏联在乌克兰境内修建的第一座核电站，切尔诺贝利核电站可以说是苏联政府与人民的骄傲。苏联人一度宣称该核电站是世界上最安全、最可靠的核电站，然而1986年4月26日发生的核事故让这一神话破灭了。

切尔诺贝利核电站4号机组是在1983年12月建成并投入运行的。在1986年4月25日前，这个机组一直是在额定满功率的状态下运行的。

1986年4月25日，4号反应堆按照计划要进行停堆，目的是要做定期的维修工作。同时，工作人员还打算利用这次机会测试反应堆涡轮发电机的工作能力，在电力损失的情况下发充足的电供给反应堆的安全系统动力（特别是水泵）。

切尔诺贝利反应堆还有一对柴油发电机可作为备用发电机，但它们并不能在瞬间启动。在这种情况下，核反应堆将会启动转动涡轮，到时涡轮会从反应堆分离并在自己的惯性力量之下开始转动。而此次测试就是为了检测当启动发电机时，涡轮在减少阶段是否能充足地供给泵浦以动力。

之前，人们在进行这项测试的时候，所有的安全供应都成功启动，但是却没有得到一个满意的结果。在经过了一定程度的改进之后，工作人员需要对其再进行一些测试。

为了保证测试在更安全、更低功率的条件下进行，工作人员将切尔诺贝利核电站4号反应堆的能量输出从正常功率的3.2千兆瓦减少至700百万瓦。

但是，测试在开始的时候出现了延迟，核电站工作人员降低能量水平的速度过快，最后实际输出功率落到只有30百万瓦。这一操作导致的结果就是，裂变产品氙-135增加了，这是由中子吸引而成的。这时，力量下落的标度已经接近安全章程允许的最大限制，但核电站的管理人员依旧没有关闭反应堆，决定继续进行既定的测试活动。

此后，核电站管理人员决定将反应堆的输出功率提升到200百万瓦。为了克服剩余氙-135的中子吸收，工作人员将一部分控制棒从反应堆拔了出来，但是拔出的控制棒已经远远超过了核电站安全章程所规定的数量。

4月26日1点05分，在涡轮发电机的推动下，水泵被启动了，其实这也是测试的一个部分。但是水的流量由于这个操作而超出了安全章程的规定。

在1点19分，水流量增加了，原因就是水也能吸收中子，在水流量进一步增加的情况下，工作人员需要以手工的方式拔出控制棒，这就使得反应堆变得很不稳定，并且逐渐滑向了危险的深渊。

凌晨1点23分04秒，测试正式开始。核反应堆虽然出现了不稳定的状态，但是这在反应堆控制板并没有显示出任何不正常的情况，而且参与测试的核电站工作人员也没有意识到核电站潜在的危险。

水泵的电力被关闭后，在涡轮发电机惯性的推动下，水流的速度明显降低了。涡轮从核反应堆分离，而反应堆核心的蒸汽水平却在不断增加。因为冷却剂被加热，个别的蒸汽在冷却剂管道形成了。在设计切尔诺贝利RBMK石墨沸水反应堆的时候，特意设计了一个高正面空系数，这就意味着在没有水的情况下，中子的吸收作用能够促使反应堆的力量迅速地增加。在这种情况下，人们对核反应堆进行的测试，使得反应堆逐渐变得极不稳定，变得越来越危险。

在1点23分40秒，核电站综合信息计算中心忽然发出了不正常的信号，核反应堆操纵系统的主任工程师马上对反应堆进行了紧急停堆操作。接着，包括之前已经拔出的控制棒在内的所有控制棒都被插入了反应堆。

控制棒插入的过程，需要用18至20秒的时间来完成。棒的空心部分与冷却剂的临时移位、逃走致使反应堆的反应率增加。反应率的增加，又使得核反应的能量加大，进而导致了控制棒管道的变形。而控制棒在被插入以后，本指望能够安全停堆，但在插入的过程中却被卡在了管道的三分之一处，因此核反应无法终止。

在1点23分47秒，核反应堆的能量输出功率飙升到大约30千兆瓦，已经是正常操作条件下的十倍。在巨大的能量之下，燃料棒开始熔化，蒸汽压力也迅速地增加，最终引发了一场剧烈的蒸汽爆炸。

这次爆炸产生的能量使核反应堆顶部遭受了极为严重的破坏，冷却剂管道也发生了爆裂，屋顶还被炸开了一个洞。在核电站大厅里安装着操控发电机组的控制中心。但是控制中心监测反应堆运行状况的电子计算机在爆炸发生后，也随之断电。

燃烧着的切尔诺贝利核电站4号机组

切尔诺贝利核电站在建造的过程中，为了降低成本，同时也是由于反应堆的体积过于庞大，在反应堆外只修建了一道保护层。因此，这种设计加剧

时任苏共中央总书记的戈尔巴乔夫

了核事故的影响。

在反应堆的压力容器发生蒸汽爆炸之后，约有50吨核燃料化做烟尘从容器的破损之处散逸到了外部的大气环境之中。同时，还有70吨核燃料以及900吨石墨被抛撒到了核反应堆的四周，进而引发了数十场大大小小的火灾。

在核反应堆的一部分屋顶被炸毁之后，外部的氧气飘了进来，与温度极高的反应堆燃料以及石墨慢化剂相结合，最终引起了更大规模的石墨火。当时，在核反应堆中还有约800吨的石墨，这场大火一直燃烧了10余天才结束。

爆炸发生后，核电站里面的工作人员很快就陷入了放射性尘埃与热浪的包围之中。而这场石墨大火也使得放射性物质扩散并污染了更广的地区。

在核电站发生事故后，一些工作人员冒着极大的危险关闭了相关阀门，一些人则向苏联当局求救。驻守电厂的军事消防部队以及附近居民点的消防人员纷纷赶到现场进行灭火工作。

这就是人类核能利用史上最大的事故———切尔诺贝利核电站事故，它给苏联带来了灾难性的严重后果。

在事故发生当天的清晨5点，苏联领导人戈尔巴乔夫接到了切尔诺贝利核电站发生事故的消息。但是，通报的人只简单地说这个核反应堆出了一些事故，根本没有提及反应堆发生爆炸的事。于是，戈尔巴乔夫向科学院院长兼科学院原子能研究所所长亚历山德罗夫咨询。

当时，亚历山德罗夫是苏联最权威的科技官员。他让戈尔巴乔夫不用过于担心，还说这种事故对工业性核反应堆而言是司空见惯的事情。因此，导致了苏联政府对于核事故的反应相当迟缓，也就延误了救灾的进度。

在发生核事故的附近地区，人们测出了足以致命的超强核辐射，而且辐射水平还在不停地攀升。然而，这还是没有引起人们的重视，一些专家根本不相信会有如此高的核辐射，他们更相信这是测量辐射的仪器出现故障导致的。

为了避免引发周围居民的恐慌情绪，苏联的国家电视台也只是简短地发表了一项声明，轻描淡写地说切尔诺贝利核电站发生了一起事故，目前正在实施援救活动。

到4月28日上午9点，瑞典首都斯德哥尔摩以北的瑞福什马克核电站，该电站距离切尔诺贝利大约有1100千米。当天，工作人员在计算机显示屏上观测到了一串扰动信号，这意味某处发生了核泄漏。于是，电站的工程师们开始到处搜索核泄漏的源头，然而什么也没发现。

接着，他们将在核电站工作的600名工人集合起来，利用专门用来检测核辐射的盖特计数器对其逐一实施核辐射检测。这个时候，干扰信号变得越来越强，工人衣服上的放射线含量已经远远超过了标准水平。同时，监测人员利用盖特计数器对核电站周边土壤以及植被的放射线含量进行了检测。结果显示，周边环境的放射线数值是正常值的5—6倍。

就在同一时间，芬兰、挪威、丹麦等国也检测到了核辐射。他们通过检测发现辐射源不在本国，于是就怀疑那个强烈的核辐射源头来自于苏联境内。

而对切尔诺贝利核事故，苏联当局一开始就没有认识到问题的严重性，始终认为事故处在可控的范围内，因此他们一边组织人进行抢险，一边仍然在当地进行大规模五一劳动节庆祝活动。

核事故发生3天以后，苏联政府派出的一个调查小组到达切尔诺贝利核电站，然而这个调查小组始终无法提交关于核事故的相关报告，苏联政府因此也就无法准确地了解事情的真相。当苏联政府接到从瑞典政府发来的信息之后，知道核辐射云已经飘散到瑞典境内，这才意识到事情远比他们想的严重。

至此，苏联政府才开始进行大规模的围堵核泄漏的工作。

3 围堵核泄漏
——二十六万人在行动

在切尔诺贝利核电站发生事故之后，火势迅速蔓延。当地政府马上派出了大量的消防队员去扑灭在4号反应堆的大火。

在最开始的时候，消防队员重点救援附属建筑物，随后运用各种方法来扑打核反应堆的大火。然而，那些参与救灾的消防队员并不知道核辐射可能对人体造成的巨大伤害，就连那些与核能打交道的人也没有一个清晰的认识。

在越来越严重的火势面前，消防队员们没有退却，他们为了压制住反应堆内的大火，把消防车开到了核反应堆前喷水灭火。但是，猛烈的火势逐渐向四周蔓延，对3号核反应堆也构成了威胁。为减少损失，消防队员们一边用水龙带灭火，一边清除着那些来自反应堆的残骸。外围大火被控制住以后，他们又进入反应堆内部进行灭火工作。

但是，这些消防队员在强烈的核辐射之下出现了头晕以及呕吐的症状，有的还失去了知觉。到4月26日凌晨5点钟，核反应堆的大火算是基本控制住了。在参与救灾的69名消防员中，有31人直接死于致命的核辐射，而其他人多数都得了急性放射综合征，比如热与化学灼伤、心力衰竭、肺部以及免疫系统受损等病症。

在切尔诺贝利核电站工作的多数职工以及家属一起住在普里皮亚特，那里距离核电站有3千米远。核事故发生后，他们都还不知道恐怖的核辐射已经在慢慢地向他们袭来。

核电站位于普里皮亚特河畔，普里皮亚特河连接着乌克兰的基辅水库。在爆炸发生几小时之后，一些放射性物质就渗入了水库之中，而基辅水库还是苏联当时生活在其第三大城市基辅的250万居民的主要饮用水的来源地。

核电站发生爆炸36个小时之后，生活在普里皮亚特的5万居民才第一次从官方渠道得知，切尔诺贝利核电站出了问题，还有对人体有害的核辐射。为了让当地居民免遭核辐射的伤害，苏联政府决定紧急疏散普里皮亚特居民。为快速有效地进行疏散工作，苏联方面派遣了军队进驻当地，还调配了1200辆公交车以及300余辆各种卡车。

当地居民在听到消息后震惊万分，但也只好快速收拾行李，带好必备的东西，等候着汽车将自己带走。但是，很多人根本就不知道自己要被带到哪里。

接着，大规模的人员疏散行动就展开了，由公交车和卡车组成的车队载着普里皮亚特的居民浩浩荡荡地离开了这里，整个车队前后达到15千米长。转眼之间，原本还遍布人员的普里皮亚特就变成了一座毫无生气的空城与死城。当地居民使用的各种物件到处散落着，防毒面具、雕塑、玩具等等一切东西都在混乱中被留在了核辐射区。

切尔诺贝利核电站事故还引发了连锁反应，普里皮亚特附近地区的人们在听到消息后也纷纷撤离。据有关部门的统计，苏联政府从核电站附近地区总共撤出了13.5万人。在随后的几年间，又有

1986年4月份切尔诺贝利发生核事故后，核电站上空的航拍图片。

23 万人搬出了那些遭受核污染严重的地区，前前后后共疏散了 34 万余人。

人员疏散完成之后，苏联政府就将核反应堆周围 30 千米半径范围的地区划为隔离区，并用铁丝网围了起来。其实，许多人在大规模撤离之前就已经受到了致命的核辐射。如果他们能及时地撤离，那么受害者的数量及受害程度也就不会像后来那样严重了。

核电站的大火虽然被扑灭了，被摧毁的反应堆却仍在不停地向外部环境释放着核辐射。

在围堵核泄漏的同时，苏联方面一直在试图掩盖切尔诺贝利发生核事故的消息。因为苏联还在与西方进行冷战，军备竞赛还未停止。苏联政府不想让自己的对手获悉自己在核技术方面的漏洞，也不想在本国和世界上引起恐慌。直到瑞典政府找到了核泄漏的源头后，苏联政府在外界的压力下才不得不公开承认切尔诺贝利发生了核事故。这场核事故马上就成了世界各国的头号新闻。

在盛行风向的推动下，从发生爆炸的 4 号核反应堆产生的核辐射尘飘出了乌克兰、白俄罗斯、俄罗斯，从东欧飘到了西欧和北欧国家。在英国的艾尔郡，猎师城核电站的警报器也检测到高水平的核辐射，从而发出了警报。在 10 天的时间里，放射性云已经覆盖了欧洲的大部分地区，甚至已经扩散到了北美洲，其他国家也面临着核辐射的威胁。

为了防止核辐射可能给人们带来的危害，欧洲各国政府被迫采取了一系列应对措施。瑞典政府停止了从苏联及 4 个东欧国家进口肉类、鱼以及蔬菜；在波兰和乌克兰基辅地区，人们将碘酒分发给儿童和孕妇，主要是用来预防放射尘中碘 -131 对人体甲状腺的侵害。

核电站的大火得到控制后，为了防止反应堆堆芯里的高温铀和水泥熔化而成的岩浆熔穿电站的底板进入地下，也为了能够完全控制住反应堆出现的核辐射，苏联当局使用了当时能够使用的从地面到空中的一切方法来救灾。

1986年5月7日，经过学者和专家们的商讨，一致认为想要进一步解决核事故，必须对核反应堆内的温度以及其所排出的气体的成分进行检测，之后再制定解决方案。但是，当时反应堆内的核辐射非常高，想要从地面接近核反应堆是根本不可能的，想要完成这一任务，就只能依靠直升机。

利用直升机检测核反应堆的辐射水平，这是从没有人进行过的任务。对于直升机而言，它在地面以上10米的高度或500米以上的高度，才属于悬垂安全区。处于安全区的高度，直升机才会进入自动旋转状态。而在10米以上到250米以下的区域则属于直升机的禁区。

再加上核反应堆排出的热量会让直升机处在一个温度极高的区域，发动机的功率会下降。而反应堆散发出来的放射性物质又影响了机组人员的能见度。所以，这个任务是非常复杂与危险的。然而，现在情况紧急，检测任务是必须要完成的。

最后，尼古拉上校负责带人完成这个任务，主要是把测量仪器的温差电偶下放到4号核反应堆中去。

5月7日，尼古拉上校与副驾驶员、随机机械师、库尔恰托夫原子能研究所副所长技术科学博士叶甫根尼·彼得罗维奇·里亚赞采夫，辐射剂量检查组负责人亚历山大·斯捷曼诺维奇·齐卡洛开始准备并进行了几次模拟演习，但在演

1986年6月13日，一架直升机正在切尔诺贝利核电站周围地区喷洒净化核污染材料。

习中由于钢索下的重物摆动过大而难以固定，演习宣告失败。此后，他们决定在整个钢索上每隔一段相等距离，就用铅块固定住，这样才防止钢索的摇晃，第二天演练取得了成功。

5月9日，尼古拉上校带领机组成员在一切工作准备就绪后，驾机向核反应堆飞去。到反应堆上空后，直升机开始下降。与此同时，里亚赞采夫、齐卡洛分别按照要求进行了不同高度以及反应堆内部的测量活动。在完成检测任务后，直升机安全飞离了核反应堆上空。

核反应堆的放射性物质不仅仅是通过外部的大气环境向四周扩散，如果4号反应堆堆芯熔化，那么放射性物质还有可能会进入地下水中，从而对民众的饮用水造成污染。

因此，人们需要知道反应堆堆芯目前的情况，工程师韦尼阿明·普里阿尼奇尼科夫负责完成这个任务。为了查看堆芯目前的损毁程度，普里阿尼奇尼科夫爬进了一条只有80厘米宽的通道，最后发现反应堆堆芯还没有烧穿。情况还不算太糟。

但是，苏联当局担心核事故会升级，堆芯以后还有烧穿的可能，因此决定在核反应堆下面铺上一层厚混凝土板。而在铺这层混凝土板前，还需要建造一条隧道。于是，数百名工人昼夜不停地轮班作业，15天后一条168米长的隧道就被挖通了。然后，混凝土板也被安装到了反应堆的下面。

几辆卡车正在把混凝土倾倒在切尔诺贝利核电站4号反应堆旁，用以建设防止核泄漏的石棺。

爆炸发生时，反应

堆周围充斥了大量的放射性残骸。苏联政府认为在为核反应堆建造一个巨大的混凝土石棺之前，需要先清除这些残骸。于是，成千上万名士兵从苏联各地被选派到了切尔诺贝利核电站，由尼古拉•塔拉卡诺夫将军统一指挥清理事故残骸的行动。在清理过程中，士兵们虽然穿着30多千克重的特别铅服，而且每个人只工作3分钟，但仍然使他们遭受了强烈的核辐射。因为这次清理残骸的行动，几千人的身体健康受到了严重的损害。

苏联方面还调集了大量防化人员，铲除了核电站周边含有放射性物质的表层土壤，将其装在特殊的集装箱里之后加以掩埋，还擦洗了核电站内部的放射性物质。

在清除残骸以及放射性物质的同时，人们还用了200多天的时间在反应堆外部建造了屏蔽罩，主要是用来防止反应堆里面200吨重的铀和1吨危害更大的钚向外部环境释放有危害的射线。

在清理的过程中，虽然遥控机器人也参与了行动，但由于技术上的限制以及严重的核辐射造成机器人电子回路失效，因此，许多污染严重的场所还得依赖人力去完成。很多人因此遭受了核辐射的伤害。

同时，苏联还动用了大量的人力与物力在活化区上面用沙、黏土、硼酸、白云石、石灰石、铅等将其覆盖，从而形成了一个防止核辐射外逸的保护层。在核反应堆表层共填充了4000多吨的这类防护材料，这才控制住了辐射。

到5月8日，4号反应堆才停止燃烧，但温度仍达300℃。5月9日，国际原子能机构总干事布利克斯应苏联政府之邀，乘直升机视察了切尔诺贝利核电站，他认为这是迄今为止世界上最严重的一次核事故。

在核事故发生后两年的时间里，有26万人参加了事故处理过程，4号核反应堆被浇了一层层混凝土，最终修建了一座钢筋混凝土的石棺。清理人员清洗了2100万平方米表层土壤。苏联政府为核电站职工新建了斯拉乌捷奇新城，为当时撤离的居民修建了2.1万幢住宅。

4 切尔诺贝利核电站事故的影响
——让欧洲笼罩在死亡阴影下

在切尔诺贝利核电站 4 号机组的核辐射被控制住后，其他核电机组并没有因此而停止运作。事后，苏联方面只是封闭了核电站的 4 号机组，并用 200 米长的水泥与其他几座反应堆隔开。因为缺乏电力，乌克兰政府让其他三台机组继续运作。

1991 年，2 号机组发生了一场火灾，在无法修复的情况下，乌克兰政府停止了这台机组的运作。1996 年 11 月，乌克兰政府与国际原子能机构达成协议，1 号反应堆机组终止运作。2000 年 11 月，3 号机组也被乌克兰政府关闭了。从此，整个切尔诺贝利核电站的机组完全停止了运转。

对于人类以及整个核电发展历程来说，切尔诺贝利核电站事故在 20 世纪所产生的影响可谓是极其严重而又深远的。

在人员伤亡方面，在核事故现场共造成约 30 人死亡，主要是参与灭火的消防队员以及救护人员。因为核辐射而患病的有 203 人。但是，因为切尔诺贝利核电站事故造成的影响是长期的，所以通过间接方式出现死亡或者患上疾病的人数则难以估算。

在 2005 年 9 月份，联合国、国际原子能机构、世界卫生组织、联合国开发计划署、乌克兰和白俄罗斯政府以及其他联合国团体，共同完成了一份关于此次核事故的总体报告。根据这份报告，死于此次核事故的人已经达到了 4000 人。2006 年 4 月份，联合国再次公布了世界卫生组织的调查结果，调查结果显示，在遭受核辐射污染的地区，包括乌克兰、白俄罗斯和俄罗斯等地，近 20 年来，已经有 9000 多人死于核事故引发的癌症等疾病。

然而，绿色和平组织则坚称，在过去20年的时间里，切尔诺贝利核电站事故受害者可能高达900多万人，而且他们随时可能死亡。绿色和平组织还认为，切尔诺贝利核电站事故导致27万人患上了癌症，至少9万人已经死亡。

同时，英国研究人员认为，切尔诺贝利核电站事故造成的死亡人数，除了国际原子能机构承认的死亡人数以外，还有6.6万人死于核辐射所导致的癌症，仅此数字就是国际原子能机构所承认的死亡人数的10多倍。

另外，在核事故发生后，苏联政府还组织了大量的人力负责核电站的复原以及清理的工作，他们在清理核电站的过程中也受到非常高剂量的核辐射。根据有关机构的估计，至少有30万人在核事故发生后的两年时间里，进入核反应堆附近清除放辐射污染物。根据切尔诺贝利清理协会的报告，在数十万的负责清理的人当中就有10%的人死亡，16.5万人致残。

在遭受核辐射污染的地区里，很多孩子的身体里存在着很高的辐射剂量。这是由于放射性物质碘-131污染了当地的牛奶，那些孩子在喝了牛奶之后也就吸收了那些放射性物质。一些研究也表明生活在白俄罗斯、乌克兰以及俄罗斯的小孩患甲状腺癌的比例在快速增加。同时，在切尔诺贝利核电站的附近地区，核事故发生后产生的放射性尘埃致使当地畸形婴儿的出生率大大提高了。

在废弃的核电站前面，有一座切尔诺贝利核电站事故遇难者纪念碑。

切尔诺贝利核电站事故发生10年以后，生活在白俄罗斯、乌克兰以及俄罗斯境内的800万人的生命与健康仍在遭受着放射性物质的威胁。

在地区影响上，切尔诺贝利核电站事故可以说是让欧洲笼罩在了死亡的阴影之下。由 4 号核反应堆泄漏出去的放射性尘埃不只污染了发生爆炸的核电站附近的居民区，它还借助于气流的帮助，飘向了俄罗斯、白俄罗斯以及乌克兰的部分地区。

白俄罗斯共和国由于距离切尔诺贝利核电站只有几千米，因此带有放射性物质的粉尘大部分在气流的推动下落入了白俄罗斯境内。根据科学家们的统计，当时掉落在苏联的辐射尘有 60% 是掉在了白俄罗斯。由于此次核事故，白俄罗斯损失了 23% 的农业用地，220 万人居住的土地遭到了放射性物质的污染，400 多个居民点无法居住，成为了无人区。

俄罗斯在切尔诺贝利核电站事故中也遭受了严重的损失。俄罗斯有关专家表示，在俄罗斯联邦布良斯克的南方极大的区域都遭受了放射性物质的污染，大约有 4300 个城镇和村庄坐落在放射性污染的区域，那里生活着 150 多万居民。

乌克兰北部数万平方千米的土地都遭受了放射性物质的污染，靠近核电站 7 千米内的树木在核事故发生后渐渐死亡。即便是 30 千米以外的所谓的安全区也不是绝对安全的，癌症患者、儿童甲状腺患者以及畸形家畜在核事故发生后大量增加。

而切尔诺贝利核电站附近的土地与水源遭受了极为严重的核污染，几十万人被迫离开家园，迁往他处。核电站所在的区域成了毫无人烟与生气的不毛之地。根据相关专家的估计，想要完全消除这场核事故对自然环境的影响至少需要 800 年，而持续的核辐射危险将会持续 10 万年。

切尔诺贝利核电站事故引发的放射性物质不仅污染了苏联的部分地区，也殃及了欧洲的大部分地区，法国、英国、德国、意大利、奥地利、希腊、瑞典、瑞士、捷克、斯洛伐克、爱尔兰、摩尔多瓦、罗马尼亚、立陶宛、芬兰、丹麦、挪威、匈牙利、斯洛文尼亚、波兰以及土耳其等国家都遭受了放射性尘埃的侵袭，就连美国也检测到了放射性物质。而有的报告就指出有一半的易挥发放射性粒子掉落在了乌克兰、白俄罗斯以及俄罗斯以外的地方。

在核事故发生后，一些欧洲国家不得不开始实施食物限制措施，主要是限制制造、运输、消费过程中来自切尔诺贝利核电站事故造成的放射性尘埃中的食物污染，特别是要严防铯-137进入人们的食物链中。

在瑞典和芬兰的部分地区，部分肉类产品受到严格的监控，这包括在自然以及接近自然环境下生活的动物制品等等。在德国、奥地利、意大利、瑞典、芬兰、立陶宛和波兰的某些地区，人们发现野味、野生蘑菇、浆果以及食肉鱼类的铯-137含量都严重超标，有的地区甚至达到了正常标准的几十倍。

核事故发生后，英国政府对超过一定放射性指标的绵羊的迁移与销售进行了限制。最开始，限制的区域差不多囊括了9000个农场以及400万头绵羊，到21世纪初已递减到了370多个农场以及20万头绵羊。

在挪威，一些人与动物因为食用了受到污染的食物而吸收了放射性物质。比如一些植物在从空气中获取养分的过程中吸收了放射性物质，动物在食用后也遭受了污染。

在经济损失方面，苏联因为此次核事故而损失了约90亿卢布，光善后处理费用就耗费了40多亿卢布，农业以及电力生产方面则损失40多亿卢布。据一些专家的估计，除核电站本身的损失外，仅仅清理核污染这一项就得花费几十亿美圆，假如全部加起来，那么总共可能达到数百亿美圆。

在政治和外交方面，苏联也是损失巨大。在切尔诺贝利核电站事故发生以前，以改革和公开性口号登上苏联政治舞台的戈尔巴乔夫很受世人的好评，一些西方国家对他更是寄予希望，苏联的国际形象因此得到了大大的改善。

但是，这次核事故使很多国家认为苏联离一个对国际社会负责任的大国还相差得很远。在核事故发生之后，苏联政府首先考虑的是政治因素，对内对外封锁消息，不想让人们了解真相，对事故的细节更是守口如瓶，这引发了很多国家对苏联的不满。各国纷纷指责苏联没有严格管理核电站，还刻意隐瞒危险的放射性尘埃飘向欧洲国家的事实。在这一问题上，西方国家与苏联更是不停地打着口水战，最终严重损害了苏联的国际形象，间接地导致了苏联的解体。

对切尔诺贝利核电站发生的事故，苏联本国国民更是知之甚少。由于苏联高度集中的政治经济体制，乌克兰与白俄罗斯无权向遭受核辐射影响地区的人们通告事故的真相，核事故发生地的新闻媒体也不能发布任何关于核事故的消息，这就导致了人员疏散工作的严重滞后，使得许多人因此而患上了放射性病。特别是许多人没有经过详细的医疗检查就被宣布为健康，又有许多人因为不明真相重新回到遭受严重核污染的地区生活，而那些已经被污染了的食品还在继续向人们出售。

而那些欧洲国家在面对核污染与核辐射的时候，则是主动公布消息，让遭受核污染地区的居民接受放射性尘埃的检查，很多国家的政府劝告居民不要利用可能携带有放射性物质的雨水，还积极从外地调运新鲜的食品以满足人们的日常生活。

在核事故发生后，波兰、匈牙利和捷克等国在很长的一段时间里都不知道事情的真相，直到从西方国家的媒体中了解了一些情况，但是这个时候那些放射性尘埃早已飘到了他们国家的上空。这些国家作为苏联的东欧盟国，在震惊之余，离心倾向也就越来越明显。

对于核电事业的影响方面，切尔诺贝利核电站事故也对世界核电工业的发展产生了极其严重的负面影响。这场事故无疑又使得一些国家、组织或者个人对核能利用产生了更为尖锐的批评与职责。

在联邦德国，反对核能的环保主义者马上就组织了大规模的群众游行，他们高举标语，反对核能的开发与利用。因为这个事件，英国、荷兰等国也暂缓了本国的核电发展计划。苏联政府也关闭了共计 20 座的所有相同类型核反应堆，这些反应堆的发电量当时占到了全国发电总量的 5%。

总之，切尔诺贝利核电站，这座曾经被认为是最安全、最可靠的核电站出现的核事故在 20 世纪引发的影响不仅局限于一国，而是扩展到了全球。它对世界政治版图以及核工业的发展都产生了不可估量的负面影响。

下篇 核电风波

第四章 日本福岛核危机
影响极其深远的核泄漏

日本的福岛核电站曾经自诩为世界上最安全的核电站，但是21世纪初发生在西太平洋的一场惊天动地的大地震彻底改变了这一切。巨大的地震，海啸的破坏，再加上人祸，福岛核电站出现的核泄漏事故一夜之间成为了全世界关注的焦点。福岛核事故，不但让全世界的人们为之心惊肉跳，更给全球核电工业的发展蒙上了一层阴影。未来，核电的发展必将是任重而道远。

1 福岛核电站
——自诩为世界上最安全的核电站

日本属于一个岛国，国土狭小，自然资源极为缺乏，因此其经济发展所需要的石油等能源绝大部分都得依赖进口。虽然日本位于全球最集中的地震、火山带上，但是作为一个能源极其紧缺的国家，他们还是将目光转移到了核能的利用方面。

实际上，从20世纪50年代开始，日本就已经开始进行核电的研发工作。1954年日本国会第一次通过核电预算，1956年成立了原子能研究所。此后，日本通过从西方国家引进核电设备以及相关的核电技术，建成了多座核电站。

1969年10月26日，日本原子能研究所实验性轻水反应堆运行，成为了日本核电的发端，也成为了日本的原子能日。

在20世纪60年代，日本开始在距离东京有120千米的茨城县兴建东海核电站。到1966年7月，东海核电站建成并投入运行，这座核电站采用了英国通用电气公司设计制造的石墨气冷堆机组，其发电功率为166兆瓦，它的建成标志着日本核电产业进入了发展的轨道。东海核电站对于日本核电产业的发展作出了卓越的贡献，特别是在建立日本核安全审查体系、设备国产化以及人员培训等方面更是贡献巨大。

但是，在石墨气冷堆机组运行过程中，日本发现此类堆型很不理想，于是转而从美国引进反应堆。其后，日本原子能委员会认为美国的轻水反应堆机组的经济性以及可靠性基本上值得信赖，于是决定第二台核电机组就采用轻水反应堆。

到 20 世纪 70 年代初期，日本原子能发电公司为敦贺核电站 1 号机组选用了美国通用电气公司的 357 兆瓦级的沸水堆（轻水反应堆的一个类型）机组。这个核电机组于 1967 年 2 月开工建设，1970 年 3 月投入运行。

接着，日本关西电力公司又从美国引进了压水反应堆（轻水堆的一种）机组，从而建成了美浜核电站以及大饭核电站。这些电站的核电机组在 20 世纪 70 年代都先后投入了商业运行。

1973 年，中东石油危机爆发后，日本更是确定了优先发展核电的方针。从整体上看，日本在建造并运行这些轻水堆核电站之时，大量汲取了美国的核电技术与实践经验。在将从国外引进的技术消化吸收后，日本人先是完全仿制，然后再逐渐改进，同时不断提高反应堆的国产化水平，所以，日本的核电产业才得到了快速的发展。

日本福岛核电站

在这一时期，日本东京电力公司还建成了福岛第一核电站。东京电力公司成立于1951年，它是一家集发电、输电和配电于一体的大型电力企业。这家公司经过60多年的发展，已经成为了全球最大的民营核电商。在核能占全国电力供应份额超过30%的日本，东京电力公司的核电站供应了全国50%左右的核能发电量。

东京电力公司的旗下拥有3座核电站，共17台核电机组，总装机容量约1731万千瓦。三座核电站包括福岛第一核电站、福岛第二核电站和柏崎刈羽核电站。其中，福岛第一与第二核电站统称为福岛核电站，共有10台机组，它们组成了世界上规模最大的核电站。而位于日本新潟县的柏崎刈羽核电站，则是世界上发电量最大的核电站。

东京电力公司原本想要在东京地区建造核电站，但是由于当地人的反对，最后才选择了在当时经济相对落后的福岛地区修建核电站。

福岛核电站位于日本福岛工业区，其采用的均是单循环沸水反应堆。该沸水反应堆的工作原理是：来自汽轮机系统的给水进入反应堆压力容器后，沿着堆芯围筒与容器内壁之间的环形空间下降，在喷射泵的作用下进入堆下腔室，然后再折而向上流过反应堆堆芯，受热并部分汽化。汽水混合物经过汽水分离器分离后（汽水分离的过程与压水堆蒸汽发生器的原理类似），蒸汽通往汽轮机，推动汽轮机和发电机做功发电。蒸汽压力约为7兆帕，其干度不小于99.75%。汽轮机乏汽经过冷凝以后，经净化、加热再由给水泵送入反应堆压力容器内，从而形成一闭合循环。再循环泵（堆芯两边的两个泵）的作用就是使反应堆内形成强迫循环，其进水取自环形空间底部，升压后再送入反应堆容器内，从而成为喷射泵的驱动流。

沸水反应堆的控制棒在正常运行时由电驱动或机械驱动，失去电力来源时由备用液压将控制棒顶上去。每组控制棒，或者每两组控制棒均有单独的液压驱动装置。和压水反应堆类似，沸水反应堆也有几道安全屏障。第一道屏障是燃料包壳，和美国西屋公司研制的AP1000型压水堆所应用的锆铌合金不同，福岛核电站反应堆选用的燃料包壳用的是锆 - 2 合金。第二道屏障是和压水反应堆一样的压力容器。第三道屏障是干井，也称为首层安全壳。第四道屏障是核反应堆外面的方形水泥壳。

福岛第一核电站共有六个机组处在运行状态中，还有两台机组处在计划建设的阶段，总发电量为 4.7 兆千瓦，是全世界 25 个发电量最大的发电场之一。

福岛第一核电站的 1 号反应堆于 1967 年 9 月动工建设，1970 年 11 月并网发电，1971 年 3 月投入商业运行，总装机量是 46 万千瓦。它的输出电功率净值为 439 兆瓦，毛值为 460 兆瓦，负荷因子为 49.9%。

2 号反应堆于 1974 年 7 月投入运行，总装机量是 78 万千瓦，负荷因子为 52.8%；3 号反应堆于 1976 年 3 月开始运行，总装机量是 78 万千瓦，负荷因子为 61.2%；4 号反应堆于 1978 年 10 月投入商业运行，总装机量是 78 万千瓦，负荷因子为 72.1%；5 号反应堆于 1978 年 4 月开始运行，总装机量为 78 万千瓦，负荷因子为 68.5%；6 号反应堆于 1979 年 10 月投入运行，总装机量为 110 万千瓦，负荷因子为 69.7%。

6 座反应堆虽然用的都是沸水反应堆，但却是通过多家供应商获得。1 号、2 号和 6 号反应堆都是由美国通用电气公司供应的，3 号和 5 号反应堆则是由日本东芝公司供应，4 号反应堆为日本日立制作所供应。美国通用电气公司提供的机组的建筑设计是由电气联结分享公司主导，而其他机组的建筑设计则是由供应商自行负责。日本鹿岛建设公司负责完成所有相关的建造工程。从 2010 年 9 月开始，3 号机组核燃料开始部分地使用混合氧化物核燃料（总计 32 盒 MOX 燃料组件）。

福岛第二核电站共有四台机组处于运行状态之中，4 台机组的输出电功率净值为 1067 兆瓦，毛值均为 1100 兆瓦。其中，1 号反应堆于 1975 年 11 月开始施工，1981 年 7 月并网发电，1982 年 4 月正式投入商业运行，负荷因子为 76.1%。2 号机组于 1984 年 2 月开始运行，负荷因子为 79.1%；3 号机组于 1985 年 6 月投入商业运行，负荷因子为 81.7%；4 号机组于 1987 年 8 月投入商业运行，负荷因子为78.9%。

福岛第二核电站的核电机组完全由日本本国核电企业来提供，其中1号和3号核电机组是由东芝公司提供的，2号和4号是由日立公司提供的。1号和2号反应堆曾经进行过两次标准化。3号和4号反应堆又在1号和2号的基础上，作了一些改进并采用了一些新技术，从而提高了反应堆的可靠性，还有利于核反应堆的日常维护与管理。

早在20世纪60年代，日本政府就确定了长期发展轻水反应堆核电站的政策方针。为此，日本采取有效措施，与西方国家展开合作，积极研发新型轻水反应堆；增大反应堆机组容量，提高反应堆的经济性；采用高强度材料，提升反应堆的可靠性；运用新技术，提高反应堆的灵活性以及自动化程度；改进反应堆相关的设备与系统，从而减少反应堆的辐射水平。

通过采取种种有效的措施，日本核电站的安全性确实得到了一定程度的提高，福岛核电站也被一些人称为世界上最安全的核电站。但实际上，福岛核电站自从运行以来就发生过多次事故。

1978年，福岛第一核电站曾经发生过临界事故，但是此次事故没有向外界透露。

在1979年至1998年间，福岛核电站出现了多处安全隐患，但是东京电力公司为了自己的利益，故意篡改了反应堆主蒸汽管流量计测得的数据，从而逃避了检查。

2005年8月，福岛县两座核电站中存储核废料的池子中部分池水因为里氏7.2级的地震而溢到了外面。

2006年，福岛第一核电站6号反应堆发生了放射性物质泄漏事故。

2008年6月，福岛核电站核反应堆有少量放射性冷却水出现了泄漏，据称此次泄漏没有对周围的环境与人员等造成损害。

好在福岛核电站发生的这些事故都没有造成严重的影响，但是2011年的一场九级大地震彻底改变了它原来的安全纪录。

2 东日本大地震
——引爆福岛核电站事故的导火索

日本位于亚欧板块和太平洋板块的消亡边界，为西太平洋岛弧—海岸山脉—海沟组合的一部分，这里正处在环太平洋火山地震带上。

因此，全球大约有 10% 的火山位于日本，日本经常会发生火山活动。严重的地震在一百年的时间里会发生好几次，而那些小规模的地震则更是数不胜数。

所以，日本对地震的研究与预防工作一直没有间断过。人们在核电站的设计过程中也考虑到了抗震的问题。一旦地震发生了，核电站就会实时启动防震功能，以减少不必要的损失。

但是，东日本大地震所爆发出来的能量显然超出了原来的抗震标准。2011 年 3 月 11 日，日本当地时间 14 时 46 分，在日本东北部海域发生了里氏 9.0 级的大地震。地震的震中是位于日本宫城县以东的太平洋海域，震源深度约为 20 千米。这就是震惊世界的东日本大地震。

据统计，这次地震的震级是 1900 以来世界地震历史上第四大地震。

排行第一的是在 1960 年 5 月 21 日发生在智利的 9.5 级超级大地震，地震造成约 2000 人遇难，200 多万人无家可归；排行第二的是在 1964 年 3 月 28 日发生于美国阿拉斯加州南部的威廉王子海峡的 9.2 级（一说为 8.4 级）大地震，地震共造成 178 人死亡，这也是北美洲有史以来震级最大的一次；排行第三的是在 2004 年 12 月 26 日，发生于印尼苏门答腊岛亚齐附近海域的 9.1 级大地震，地震及随后引发的大海啸共造成印度洋沿岸各国超过 22 万人死亡或失踪。

东日本大地震的能量和破坏力是巨大的。有关专家解释说，大地震使日本

日本大地震引发的海啸

东北海岸线向东移动了足足四米，导致当天地球的自转时间减少了 1.6 微秒，即每天的时间减少了 1.6 微秒。大地震释放的惊人能量使地球的地轴移动了 25 厘米。地震还改变了地球的自转速度，对日长与季节的长度也造成了微弱的影响。此次地震的破坏力超过了 20 个发生在中国汶川的地震。

大地震引发了高达 10 多米的大海啸的发生。日本岩手县、宫城县以及福岛县沿岸在特大海啸的袭击下，遭受了严重的人员伤亡和财产损失。日本东北部由北向南、大约 443 平方千米的陆地也在地震和海啸的影响下被海水吞没，总面积超过了东京的七成。

而更为严重的是，东日本大地震使得日本福岛核电站出现了核泄漏，从而引发了震惊世界的核危机。

3 月 11 日，大地震发生以后，包括福岛核电站在内的日本十多座核电站都自动停堆。福岛第一核电站的四个反应堆堆芯也被迅速地插入了控制棒，从而有效地进行了核反应堆的关闭工作。不过，反应堆虽然停止了核反应，但是堆芯中的放射性元素仍在不断地放出热量。

此时，福岛核电站的电网在强震下已经全部瘫痪，电冷却泵由于没有电而停止了，只好用备用的柴油发动机保持运转，冷却用的超纯水则继续在堆芯周围循环。大约过了半个小时的时间，距离震中不远的福岛核电站真正的危机来临了。

核反应堆在停堆后通过自衰变产生的热量，虽然比人为控制的核裂变产生的热量小得多，但是如果长时间得不到冷却，也会使得反应堆堆芯的温度升高到上千度，从而导致核燃料棒的熔化，然后是烧穿外层保护的钢壳、混凝土结构等，最终造成核泄漏。而在反应堆停堆的情况下，余热冷却系统的水泵所需要的电力就需要从外部输入。在一般情况下，人们会准备多路外电网输入，同时每台机组一般有 2 台应急柴油发电机供电，而且同一电站内的其他机组的应急柴油发电机也可以互相备用。

但是，此次东日本大地震引发了日本历史上罕见的海啸，海上巨浪组成的一道道水墙冲上海岸，摧毁了用来保护核电站的海堤，然后一举毁坏了核电站内主要的后备柴油发电机。

同时，海啸引发的洪水还摧毁了油罐及备用供电系统的其他主要部分。对于核反应堆来说，失去了电是非常危险的。因为没有了外部电源的供应，反应堆堆芯就失去了强迫冷却的必要手段。

这时，冷却系统无法发挥作用，福岛第一核电站的 1 号反应堆就率先升温了，堆芯里的水开始沸腾，很快，巨大钢容器中的温度与压力也在不断上升。

在核燃料棒的包壳中，有一种叫锆的金属元素。用核动力发电，每一百万千瓦的发电能力，一年就要消耗掉 20 到 25 吨金属锆。金属锆具有低的热中子吸收截面，作为核燃料包壳以及结构材料，它处在核反应堆核裂变反应、核能转换成热能的释放部位，同时还是防止反应堆放射性裂变物质向外部环境泄漏的第一道屏障。锆在高温的情况下，会与水蒸气产生剧烈的化学反应，能够将水分解为氢和氧。

福岛核电站爆炸时的情景

当时，福岛第一核电站 1 号反应堆不断升高的温度使得燃料棒的锆合金外壳逐渐破裂或熔化了，它和水蒸气产生了剧烈的化学反应，进而生成大量的氢气，在这个过程中还释放出了大量的热量。

与此同时，人们在核电站 1 号机组附近检测到铀燃料发生核分裂后产生的微量放射性物质铯，专家据此推测核反应堆堆芯正在熔化。当时，不只是 1 号反应堆，就连 2 号与 4 号反应堆的冷却水都已经超过了 100 度的沸点，在如此高的温度下，冷却水就失去了对反应堆的冷却能力。

面对这种情况，日本政府一方面出动了日本自卫队官兵，利用各种措施来为福岛第一核电站的核电机组降温并提供冷却水补给；另一方面作了一个大胆的决定，想要把含放射性物质的蒸汽排放出去，以防止反应堆封闭容器发生爆炸。

但是，大约在 3 月 12 日 3 点 30 分左右，日本人刚刚宣布蒸汽已经成功放出后不久，1 号反应堆就发生了爆炸。这次爆炸产生的冲击力很大，把核反应堆的表层防护罩给撕开了，屋顶坍塌，不过幸运的是加固过的容器得以保持完好无损。

事后，专家认为核反应堆内部的蒸汽已经被释放出去，容器内的压力开始下降，但是堆芯中产生的氢气泄漏到了外面，遇到了外界的氧气，所以才发生爆炸的。

1 号反应堆发生的爆炸不仅使核电站的几名工作人员受伤，还使得核电站周围的放射量提高了不少。于是，由东日本大地震引发的福岛核危机开始升级，从而引发了更大范围的关注。

3 福岛核危机处理过程——险情不断，让人惊心动魄

福岛第一核电站 1 号反应堆发生爆炸后，核电站的工作人员决定采取紧急措施，以防止反应堆内燃料棒外壳的进一步熔化以及反应堆容器的破裂。

3 月 12 日晚上，1 号核电机组的堆芯温度上升到了 2700 摄氏度，人们在反应堆附近测出放射物质的浓度再次回升，已经超过了标准的 90 倍。于是，工作人员选择最原始的办法，那就是向 1 号反应堆灌入海水。不过，这个反应堆也算是报废了，因为一般灌入了海水的反应堆很难再重新启动。为了进一步确保安全，他们又向堆芯加注了能够吸收中子的硼酸。经过一夜的奋战，工作人员暂时控制住了 1 号机组周边的放射浓度。同时，人们对福岛另外两个仍在运行的反应堆也采取了相似的措施。

3 月 13 日，福岛核电站有更多的柴油发电机停止了工作，2 号和 3 号堆有过热的危险。特别是 3 号反应堆的冷却系统已经失效，工作人员开始释放带有放射性的水蒸气，以防止反应堆容器发生爆炸。

然而，3 号反应堆的险情还在持续恶化中。人们发现 3 号机组反应堆里

面的冷却水位低于燃料棒，燃料棒上部出现了外露，有堆芯熔解的可能。和使用铀-235的1号核电机组不同，3号机组使用的是铀钚混合的MOX燃料。现在的关键是必须立即让3号堆降温，否则露在冷却水上的燃料棒很有可能发生熔解。

于是在3月13日的上午，工作人员打开了排气阀门，冷却减压程序启动，冷却水不断被注入反应堆内。然而，到了下午，在对3号机组进行灌注冷却水的过程中，注水系统突然发生了故障，燃料棒因而再度露出了冷却水水面，氢气的浓度也在不断增强。到了晚上，工作人员只好向3号堆注入海水以及硼酸。但是，这种尝试的效果很不理想，海水加注后仍不见水位提升，3号机组反应堆内燃料棒竟然高出了冷却水位2米，因而锆的包裹层在高温下分解出了大量的氢气。

到了3月14日清晨，3号反应堆的情况依然没有好转。总长为4米的燃料棒很快就有一半以上暴露在冷却水位以上，氢气的浓度在大幅增加，反应堆外密闭容器内压力也在不断上升。更令人忧虑的情况是，燃料棒外部的锆在高温下发生了剥落，核燃料棒本身也会熔解，如果那些熔解了的部分发生核裂变

爆炸后的福岛核电站，左边是3号机组，右边是4号机组。

反应，那么因为大地震而自动停堆并中止了的核反应又会重新开始。到上午10点钟，3号反应堆终于发生了爆炸，此次爆炸不仅使外层建筑被炸毁，还使六名在现场的工作人员负伤。

就在这一天，2号堆的冷却系统失效，核反应堆内积聚了大量的氢气，随时都有发生爆炸的可能。在冷却水水位不断下降的情况下，工作人员开始向堆内灌注海水。

由于阀门故障，救援人员一度无法打开2号反应堆的排气口，结果造成反应堆内压力极高，同时也造成用来冷却反应堆的海水根本无法注入其中，致使大量核燃料暴露在空气中达数小时之久，发生核泄漏的可能性极大。后来，虽然救援人员最终修复了减压阀，但仍旧无法让海水完全漫过发热的燃料棒，其结果就是2号反应堆内温度继续升高。

3月15日，日本福岛第一核电站的情况进一步恶化。早上6点14分，2号堆反应容器之下的抑压池发生了爆炸，致使含有放射物的冷却水不断流出。和前几次爆炸不同的是，这次爆炸更靠近反应堆堆芯，这导致更高密度的核辐射物质泄漏了出来，而且人们更加担心堆芯和周围的容器会受到损坏。同时，人们通过对2号堆的检测发现，核辐射剂量为正常人在一年内吸收总量的3倍。

早在1号反应堆发生爆炸之前，日本政府就对距福岛第一核电站半径10千米的居民下达了紧急避难的命令。2号机组发生爆炸后，日本政府要求福岛第一核电站周围20千米以内的居民撤离，30千米以内的居民居家躲避。但是，福岛核危机的不断升级，使得很多30千米附近的居民也主动撤离到较远的地方避难。

在同一时段，一直非常平静的4号反应堆意外起火，大量放射性物质因而泄漏到了外面。在地震发生时，该反应堆本已经自动停堆，正在例行的检查中。4号反应堆内没有正在使用的核燃料，但却存放着大量使用过的燃料棒。因此，救援人员全力灭火，防止这些同样需要降温的“核废料”继续发生严重

正在取水的直升机

的核泄漏事故。

在4号堆爆炸并起火后，其外部检测到的辐射强度急剧升高。福岛核电站的辐射监测计在很短的一段时间内就探测到了最高每小时400毫希的辐射剂量，这是法定限量的400多倍，也达到了福岛核危机以来出现的核泄漏的最高值。

3号反应堆由于使用的是铀和剧毒物质钚的混合氧化物燃料，其乏燃料池在机组厂房的上部，无法直接灌注海水。于是，日本政府在3月16日和17日先后使用日本自卫队的直升机以及高压水车向反应堆洒水。但是，高压水车的水难以达到机组厂房的顶部，而且由于辐射量太高，而直升机洒水效率又很低，因此这两种办法都没有达到预期的目的便草草收场了。

3月17日晚上7点左右，救援人员开始使用自卫队的特种消防车从陆地向3号机房的顶部喷水，希望水能够进入乏燃料池。由于反应堆附近放射性物质的含量很高，而且自卫队的特种消防车储水量又有限，数辆消防车同时作业，当天喷水30吨，18日又继续喷了30吨水。

3月19日，日本政府动用了东京消防厅的消防车，连接了800米的输水管直接从海中取水进行喷注作业。在设置好喷头的角度后，救援人员可以离开现场避免长时间遭受核辐射，因此喷水持续了10个小时的时间。当天，喷水量就达到1260立方米，但是人们还无法确定到底有多少水进入到了乏燃料池里面。

3月20日，日本政府又动用了为高层建筑浇灌混凝土的特种车辆，希望能从地面精确地将水注入乏燃料池中。这种车辆在修筑切尔诺贝利“石棺”时曾发挥了重要的作用。

想要从根本上解决问题，最重要的就是要恢复核电站供电系统。但是，直到 3 月 17 日，工作人员才开始安装线路，连接附近的高压电缆。经过 18 日的通宵工作，19 日完成了通向 1 号、2 号核电机组的 1500 米电缆的铺设工作，到 3 月 20 日通电偶就能够恢复反应堆和乏燃料池的冷却功能。此时，3 号机组还在进行注水作业。

相对于频繁出现险情的 1—4 号核反应堆，5 号和 6 号核电机组一直比较“安静”，到 3 月 20 日，这两座核反应堆已经进入了“冷停堆”的稳定状态。

有专家认为这几个频频遭遇险情的核反应堆均已发生堆芯燃料棒的局部熔化现象。由于燃料中的放射性物质会逐渐衰变，那么只要堆芯没有彻底熔毁，用过的核燃料也没有起火，这些反应堆的险情将会逐渐降低，直至最终结束。但为了避免进一步的核危害，大部分专家的共识是降温行动必须再持续几周，而要完全清除核污染，则需要花上几年，甚至几十年的时间。

东京电力员工身着防护服正在试图修复3号与4号机组的电力供应

4 福岛核危机处理结果
——前途不容乐观

在福岛第一核电站的几台反应堆接连发生爆炸后的十天里，险情不断，令笼罩在核泄漏阴影下的人们时刻处于不安之中。

为了避免核泄漏给人们造成的伤害，日本政府将大量居住在核电站附近的居民转移到了安全区域。同时，核电站救援人员还向四个核反应堆灌注了海水，并积极铺设电缆以用来启动冷却水泵，从而降低反应堆堆芯的温度。

3 月 22 日，3 号核电机组中央控制室恢复照明；3 月 24 日，1 号核电机组中央控制室恢复照明；3 月 26 日，2 号核电机组中央控制室恢复照明；3 月 29 日，4 号核电机组中央控制室也恢复了照明。

随着核危机的不断加深，日本福岛第一核电站所产生的核泄漏的范围也不断扩大。起先，人们在日本核电站周围检测到的放射性物质包括碘 -131 和铯 -137。其中，碘 -131 一旦被人体吸入，就可能会引发甲状腺疾病，而铯 -137 则会造成人体造血系统和神经系统的损伤。

随后，放射性物质逐渐向全日本扩散。到 3 月 15 日，日本关东地区已经检测到比通常情况下更高的放射性物质。在茨城县检测到的放射性物质比平常高出 100 倍，神奈县的放射性物质含量比平时高出近 10 倍。此外，在千叶县及市原县也检测到了较高的放射性物质。

而在核电站内部，由于注水降温工作，核反应堆地下室内出现了大量的积水，因而沾染了放射性物质。

3 月 25 日以后，核电站 1、2 号反应堆地下积水的辐射量出现异常，是平常剂量的 1 万倍，核电站的修复工作因而处在了时断时续中。至 3 月 28 日，此次日本核泄漏已经达到了切诺贝利核电站事故的污染水平。

3 月 29 日，人们从福岛第一核电站 1 号至 4 号机组排水口采集水样，经检测发现放射性碘 -131 的浓度达到了法定限值的 3355 倍。

同一天，在 5 号和 6 号核电机组排水口采集到的海水样本显示，放射性碘 -131 的浓度也达到法定限值的 1262 倍。但是，含有放射性物质的海水会发生扩散，浓度也会逐渐降低，因而还不会对人们的健康造成影响。

3 月 30 日，日本政府宣布福岛第一核电站的六台机组将全部永久报废。

4 月 2 日，救援人员在福岛核电站 2 号机组临海的混凝土竖井发现了裂缝，含有高浓度放射性物质的污水正在流入大海中。

4 月 4 日，日本政府开始向太平洋排放 1 至 4 号机组集中废弃物处理设施等存储的约 9000 吨低放射性污水。

4 月 6 日以后，高放射性污水的泄漏基本停止。为避免 1 号机组核反应堆容器发生爆炸，救援人员开始向容器内注入氮气。

4 月 10 日，工作人员开始利用小型无人直升机确认 1 号至 4 号机组反应堆所在建筑的状况，并利用可远程遥控的无人重型机械清除核电站内因氢气爆炸等产生的瓦砾。因为这些瓦砾也可能在释放着放射性物质。

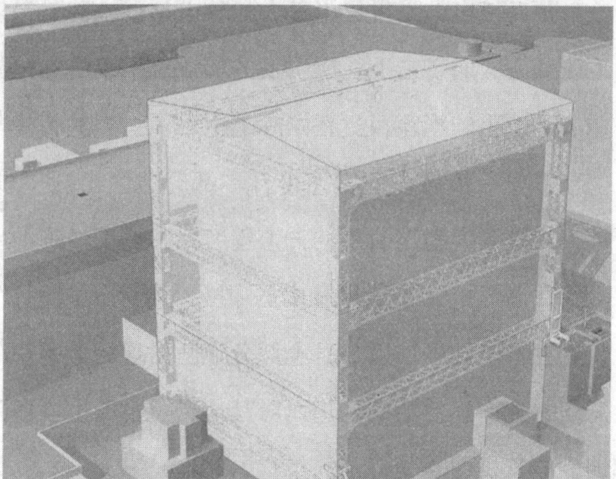

日本东京电力公司5月13日提供的福岛第一核电站1号机组核反应堆厂房外罩模拟图

此时，距离福岛核电站出现核危机已经有一个月的时间，但是各项工作均进展缓慢，核反应堆冷却系统恢复工作依然是遥遥无期。

4 月 17 日，日本东京电力公司终于公布了核电站事故的处理工程表，计划在6至9个月内稳定核电站情况，并阻止放射性物质继续外泄。第一阶段为期3个月，力争实现“辐射量切实减少”，此后的第二阶段为期3到6个月，目标是“管理放射性物质排放，大幅降低辐射量”。

总之，经过几个月的抢修工作，福岛第一核电站的危机算是告一段落，但是危险还没有完全消除。

想要彻底解决福岛核电站危机，这不仅需要日本政府采取有效的措施来封堵核泄漏，更需要展开广泛的国家合作，从而让人们不再生活在核威胁的恐慌之中。

5 福岛核危机的影响
——核电发展任重而道远

福岛核电站是世界上最大的核电站，也曾是最安全的核电站之一。但是在地震和海啸的袭击下，所引发的核危机不仅给本国的自然环境、社会以及人民造成了严重的损害，更在国际上引发了强烈的关注与影响。

首先，福岛核危机使得日本部分地区出现了核泄漏，影响了自然生态环境，加剧了大地震引发的灾害程度，影响了经济的发展。

福岛核电站正靠近日本的重要经济区，核危机使得日本的经济雪上加霜，特别在核电站停堆后，日本部分地区出现的大面积停电现象，影响了一些企业的正常生产经营活动，进而对其他产业也产生一些不利的影响，比如旅游业就因为核危机而深受打击。

有经济专家预计，地震以及核危机将导致日本在2011年3—4月份工业产值下降1%—2%，电力供应中断所造成的负面影响将比1995年的阪神大地震更为持久。地震与海啸给日本造成的损失可能高达1200亿美圆。

另外，日本还要对因为核危机蒙受损失的日本农民、渔民、小商业者以及紧急疏散的5万户家庭进行赔偿。而对于核危机后核污染清理工作以及社会重建工作也必将耗费大量的人力、物力与财力。

第二，此次核危机导致的辐射尘不仅飘向了日本的内陆，还飘向了韩国、俄罗斯和中国，更漂洋过海，到达了北美洲和欧洲。这些辐射尘虽然对各国的人员、食品和饮用水造成的影响是轻微的，但还是引起了人们的普遍担忧。

特别是日本在没有通告邻国的情况下，就将大量的含有放射性物质的核废水倾倒进大海，这就引发了东北亚国家的不满，从而引发了外交风波。

第三，福岛核危机不仅是1986年切尔诺贝利核电站事故以来状况最严重的一次，更为令人忧心的是，它对世界的核电工业技术以及产业发展也将带来难以估量的打击。为日本福岛第一核电站建造核反应堆的供应商是美国通用电气公司、日本东芝公司与日立公司，法国的阿海珐公司为福岛核电站提供的是核燃料，这些供应商因为核危机都会遭受一定的损失。而位于核电产业上游的企业也有可能遭受池鱼之殃。

随着核危机影响范围的不断扩展，亚太地区，甚至于全球的核电发展项目都有可能出现停滞，核电产业这个拥有万亿美圆规模的能源产业的根基也会受到动摇。

无奈的农民只好倾倒沾染放射性物质的牛奶

第四，核危机对全球的核电的复兴以及各国的能源政策带来了诸多不利的影响。

日本福岛核电站出现核泄漏以后，再次引发全球一波又一波的反核浪潮。一些国家也开始重新审视本国的核能发展计划。

在日本，人们已经对于全国范围内的 54 座核反应堆是否都有足够的地震防护措施表示疑虑。在未来一段时间里，日本的监管机构对核反应堆的安全也会进行强力的审查。但是那些没有受到损害的核电站如果想要重新启用，恐怕暂时也是难以实现的。

在德国，反对发展核能的声音一直很强烈，也很直接。福岛核事故迫使德国政府暂停了延长部分核电站工作寿命的法规的生效，还有八座核发电站在这一期间被停止了运行。德国政府已经决定在 2020 年以前关闭所有在德国境内的核电站。

瑞士也已经相应地暂停了延长核电站使用寿命的计划。福岛核危机同样重挫了美国“核复兴”的计划，再加上经济上的困难以及化石燃料的低价，这项计划要面临更多的困难。印度表示要从福岛核事故中吸取经验教训，要高度重视核能安全问题，还要重新审查现有的核能发展计划。

然而，也有很多国家认为此次事故不会影响本国发展核电的计划。意大利政府说日本福岛核事故不会影响他们重启核能源的计划，他们曾经在切尔诺贝利核电站事故发生之后一度停止了核能源计划。波兰政府也表达了对于自己国家首座核电站的新型反应堆设计的安全性能拥有足够的信心。荷兰政府继续推行核电站的建设计划。法国政府认为，法国不会因此次日本核电站事故就放弃对核能的开发。马来西亚、保加利亚、挪威、波兰、西班牙等国也表示不会减少对核能的依赖。

下篇 核电风波

第五章 化解核危机 让灾难远离我们

自从人类发现了原子的奥秘，掌握并控制了原子的能量之后，核阴云就开始笼罩在世界人民的头上。不断发生的核事故，就如同悬在人类头上的达摩克利斯之剑，时时威胁着人类的安全与发展。想要化解核危机，想要核灾难远离人类，我们就需要付出巨大的努力，一方面要谨慎地开发核能资源，另一方面要加快国际核裁军进程，防控核扩散，如此我们才能让核能真正地为人类服务。

1 悬在人类头上的达摩克利斯之剑
——不断发生的核事故

自从 20 世纪 50 年代以来，人类就一面不断研发新式核武器，另一面也实现了核能的和平利用。虽然人类社会与科技在不断进步，但实际上由核材料、核电站、核装置、放射源以及其他核设施引发的核事故却没有间断过，这些事故让人类经历了一次又一次的核危机。

英国温德斯格尔火灾

温德斯格尔核工厂位于英国的坎伯兰郡，它一直以来都是在为英国的核武器计划服务，主要为原子弹提供核燃料。但就是这个工厂里设计的非常原始的反应堆在 1957 年 10 月 10 日因大火差点引发了严重的核事故。

温德斯格尔工厂内有个钚生产设施，反应堆里有石墨减速剂，然而人们在早期设计过程中根本没有考虑过石墨本身以及人工错误操作可能会带来的可怕后果。

1957 年 10 月 10 日，温德斯格尔工厂反应堆由于堆芯过热，致使燃料起火。这时，用来检测温度的仪器竟然也发生了故障，不能在反应堆堆芯周围移动以检测温度，事故因此不断升级。燃料、石墨以及反应堆堆芯相继起火。最终，整个系统基本上就失去了控制。

当天，值班的工作人员没有携带操作手册，也没有检查出系统的问题。另

温德斯格尔核工厂外景

外，工作人员没把仪器放在冷却流程中会变热的部分，因此监测仪器上的读数显示的也不是反应堆最热部分的温度，

大火发生后，温德斯格尔工厂的负责人基于政治方面的考虑，没有向外界披露火灾的严重程度。他们企图借助空气来冷却反应堆，结果是适得其反，大火非但没能减弱，反而是越来越严重。最后，他们打开了水龙头，想要用水来扑灭大火。

万幸的是，他们采取的措施最后成功了，反应堆不仅没有发生爆炸，火势也逐渐减弱，直至最后熄灭。

此次事故所引发的辐射通过工厂 120 米高的烟囱，在风的作用下，飘向了整个英国，这就大大降低了人们从地面呼吸到的放射性物质浓度，大多数人受到的辐射也都十分轻微。

事后，在工厂周围 300 千米以内的人们由于害怕牛奶中含有碘 -131，因此都不敢再喝牛奶了。幸好，碘的半衰期只有 13 天，因此，当地人只要在三个月内不喝牛奶，以后就不会有任何危险了。在此次核事故中，唯一的受害者就是养牛厂的那些工人及其管理者。

帕利马雷斯氢弹事故

1966 年 1 月 17 日，隶属于美国战略空军司令部的一架 B-52 战略轰炸机与一架 KC-135 空中加油机，在西班牙沿海的比利亚里科斯村和帕利马雷斯村的上空进行空中加油训练。当时，B-52 战略轰炸机上装载着四枚氢弹。

当它们在 9000 多米的高空进行空中加油时，两机忽然撞在了一起。B-52 战略轰炸机的发动机爆炸起火，后来火势越来越大，飞行员只好掷下了氢弹，然后跳伞逃生了。这架飞机很快就发生了爆炸并解体，变成了一团巨大的火球，爆炸的碎片散落在帕利马雷斯周围 40 平方千米的范围内。

B － 52 战略轰炸机上携带的氢弹的破坏力是投向广岛的原子弹的 1000 多倍。假如一枚氢弹发生爆炸，它在瞬间就可以毁灭距离爆炸中心 15 千米范围内的所有生命。

事故发生后，美军立即成立了由军官和一些受过特殊训练的操作、维修、通信、易爆军械处理等方面的专家以及医护人员组成的特殊部队，展开回收氢弹的工作。

幸运的是，三枚氢弹落在了陆地上，没有爆炸，很快就被美军发现。但第四枚氢弹却没有了踪迹。为此，美军组织了大批人手在陆地上对可能的坠落地

帕利马雷斯氢弹事故打捞现场

点进行了多次拉网式搜查，但是却一无所获。于是，人们怀疑那枚氢弹落入了大海。

接着，美军调集了包括航空母舰、扫雷艇、驱逐舰、登陆艇在内的许多舰船，还调集了一大批专业人员，在帕利马雷斯沿海展开全面的搜索工作。

由于帕利马雷斯沿海的地形相当复杂，海底崎岖不平，美军的拖曳声呐以及“得里雅斯特”号、“特西勃”号、“阿尔文”号和“阿鲁明纳”号潜艇进行了数个星期的探测工作，却始终没有找到那枚氢弹。

直到 1966 年 3 月 15 日，“阿尔文”号才在 700 多米深的地方发现氢弹的碎片。其后，在“阿鲁明纳”号的协助下，终于确定了氢弹的准确位置。4 月 2 日，美军用钢缆将这枚氢弹拉上了舰船。

这场核事故总共动员了 3000 多人，耗费了将近三个月的时间，花费了大量的资金，使用了 18 艘舰船以及各种最精密、最古怪的装备，最终成功回收了失踪的氢弹。

图勒核事故

图勒空军基地位于丹麦格陵兰岛北部，建于 20 世纪 50 年代初。当时，基地的雷达系统能够侦测到飞越北极的苏联导弹，其对美国来说具有极为重要的战略意义。为了防备苏联可能进行的核打击，美军自 1960 年起就部署能够携带核武器的 B-52 型战略轰炸机在基地上空进行战略飞行。

1968 年 1 月 21 日，一架携带有 4 枚核武器的 B-52 型轰炸机从图勒空军基地出发，但飞机起飞后不久机舱就发生了大火，机组成员被迫跳伞，轰炸机则坠毁在了格陵兰图勒空军基地附近的海冰上。

B-52 型轰炸机装载的核武器发生了破裂，导致了大范围的放射性污染。事后，人们经过长时间的大范围搜索，最终找到几千块核武器碎片，并收集了 23 亿升的海冰。但是，至今还有部分核弹碎片留在附近的海域中。

加卡平地核事故

1970年12月18日，美国在内华达州加卡平地地下进行了代号为“贝恩巴里”的核试验。这颗当量为1万吨的核武器被安置在深270米、直径2米的竖井中。

核武器爆炸以后，封闭表面轴的插栓失灵，导致放射性残骸泄漏到了空气中。现场的6名工作人员受到核辐射。大量的放射性物质在24小时内喷射到2400多米高的大气层，其放射性尘埃一直飘到美国的北达科他州。

戈亚尼亚铯-137事件

1987年，在巴西大城市戈亚尼亚，一家私人放射治疗研究所搬迁之后，将铯-137远距治疗装置留在了原地，也没有通知相关部门。9月13日，两个清洁工进入该建筑，将源组件从机器的辐射头上拆下来带回家拆卸，从而造成源盒破裂，进而产生了核污染。

此次核事故致使14人受到过度照射，4人随后死亡，约11万人接受了监测，其中有249人受到了核污染。另外，数百间房屋受到监测，其中85间发现遭受了污染。整个去污活动共产生了5000立方米的放射性废物。

托木斯克核事故

1993年4月，俄罗斯托木斯克市附近的西伯利亚化学企业公司的后处理设施对反应堆的乏燃料进行后处理时发生了事故。

此次事故使后处理设备以及建筑物受到了损坏，导致钚-239泄漏了出来。该设施的一部分场地和综合体以北周围乡村的很大区域，包括格鲁吉夫卡村以及连接萨木斯和托木斯克的部分道路受到了放射性核素的污染。虽然此次核事故的污染程度较低，但是建筑物和道路的去污工作却是十分费力。

东海村核事故

1999 年 9 月 30 日，在日本东海村 JCO 公司的一座铀转换工厂，该厂工人违反安全操作程序，将丰度为 18.8%、重约 16 千克的铀溶液直接倒入了沉淀槽中。而沉淀槽容纳这一丰度铀的最大操作量限定是 2.4 千克，其临界质量是 5.5 千克。因此，倒入沉淀槽中的铀量明显超过了其临界质量的数倍，所以很快就产生蓝白色的闪光，发生了自持链式反应。

此时，事发现场产生了 γ 和中子辐射，γ 监测器开始报警。这次临界事故使现场 93 名工作人员受到了不同程度的 γ 外照射和中子照射，其中 1 人于 12 月 21 日死亡。东海村核事故没有在工厂外造成核污染，也没有产生显著的放射性泄漏。在此次临界事故中，有少量的放射性惰性气体与碘元素从厂房排风中排放了出来。在采取措施使临界反应停止之后，工厂周围监测点的中子辐照及 γ 辐射剂量率都恢复到了正常水平。

在处置此次核临界事故中，日本相关机构采取了一系列应急措施，及时地控制了事态的扩大，缓解并扼制了临界反应，最大限度地减少了核事故可能引发的危害。

2 安全利用核能
——核电安全无小事

核电站在安全运行的状态下可以为人类提供强大的能源，但如果其因为自然的灾害或者人为的失误而出现核事故，那么它就像一个定时炸弹那样，让人们随时处在恐怖的核威胁之中。

因此，我们想要安全利用核能，就要按照正确的程序去操作、管理核电站，以最严格的标准去审查核电站的建设与发展状况。

首先，在核电站的设计阶段，我们要对核电站的抗震标准、厂址的安全情况、厂址附近发生极端自然灾害的可能性进行充分的论证，以从最初阶段做好核电站的安全防范工作。

实际上，选择核电站的厂址是一项极为复杂的系统工程。它不但需要考虑厂址及其周围地区发生极端自然灾害的可能性，如地震、海啸、台风、风暴、潮汐，还要考虑当地的地质、水文、气象等生态因素，更要对当地的居民分布、经济状况、工农业布局以及交通运输等因素进行综合的论证。

在核电站选址过程中，首先需要考虑的因素应该是地震状况，对于以往的现在的地震活动有一个清晰的认识。这是因为目前人类还难以有效地预报地震，所以所选的厂址适宜放在历史上地质稳定，远离火山地震带的地区。

在地质上，核电站适宜建在地质稳定的基岩上。如果一定要建在软基上，那么该地区则必须是沉降均匀而且短时期内能趋于稳定不会再发生沉降。同时，所选的地区要便于施工，能减少工程量，以降低建设成本。

在水文上，核电站适宜建在大江、大河、大湖的附近或者海边。这是由于核电站在运营时需要大量的水，特别是需要大量的冷却水来保证核反应堆的安全。同时，核电站还会产生大量温排水以及含有放射性物质的废水，这些水只有在大江、大河、大湖以及海中才会得到快速而有效的稀释与扩散，从而避免对人类的生产生活、自然环境构成严重的影响与危害。

在气象条件上，核电站适宜建在居民区的下风向位置。核电站在运转过程中会产生大量的气态废物，虽然这些气体废物含有的放射性浓度很低，但依旧要通过烟囱排出，从而保持核电站及其周围大气环境的清洁。因此，核电站建在居民区的下风向有利于气体污染物的扩散。

在居民点分布上，核电站要建在人口密度相对较低的地区，而且要和城镇保持一定的距离。这样做有利于居民在核事故发生后，有充足的时间进行撤离。根据我国的规定，核电站距离 10 万人口城镇不能小于 10 千米，距离百万人口的城镇不能小于 40 千米。

其次，我们要建立有效的核电站安全防护系统，以保证核电站的安全运行，避免反应堆发生熔毁或者对周边环境造成放射性污染。

在一般情况下，核反应堆的运行功率水平是有限定的。核电站工作人员要利用安全防护系统，让核反应堆主系统及其辅助系统的运行参数维持在安全范围之内。

反应堆安全防护系统能够监测核反应堆的工作状态，一旦出现异常状况，系统就会及时向核电站工作人员发出报警信号，以便人们及时发现问题针并采取相应的应对措施，以防止小事故进一步升级，从而确保核电站安全并连续地运转。

例如，在核电站运行过程中，如果核反应堆内部的测量仪表、仪器测得的运行参数超过了预先规定的数值，那么反应堆就会自动快速停堆。又如，在压水堆核电站中有安全注射系统、安全壳喷淋系统、安全壳隔离系统、消氢系统，以及安全壳空气净化和冷却系统，这些都可以保证反应堆的安全，控制事故发生的范围，防止反应堆出现失水事故，也能够防止主蒸汽管破裂时堆芯熔化以及放射性物质向外部环境进行扩散。

再次，核电站在运行过程中会产生 α、β、γ 射线或者中子，这些射线在一定条件下会对人体或周围的环境产生有害的影响。因此，人们要采用各种有效的措施防控放射性辐射，从而保证核电站能够正常运行。

同时，核电站还要建立起有效的辐射防护监测制度与监督制度，严格控制闲杂人员进入相关工作场所，严格控制放射性物质向周围环境的排放。

核电站工作人员还要经常检查辐射防护计划和措施是否有效，如果发现异常情况要及时采取适当措施加以处理，在最大程度上防止并减少各种核事故的发生。

第四，核电站在运行中也会产生一定数量的核废料，其对环境可能会造成一定的放射性污染。因此，人们要对那些核废物进行有效的处理，从而保护人类的健康以及环境的清洁。

核电站的放射性废液主要来自设备排空和引漏水，地面清洗与洗衣水，实验室排水（放化实验室等），设备（还包括工具及仪表等）去污液及燃料池冲洗水等。人们常用的废液处理方法有这几种方法，即贮存衰变、离子交换、蒸发、过滤以及稀释排放等等。

核电站的放射性废气分为工艺废气和厂房排风两部分。对于一类工艺废气，通常采用贮存衰变法，将收集起来的废气用压缩机加压到一定程度，然后送衰变箱贮存，等到其同位素衰变掉大部分以后，最后通过排风中心有控制地进行稀释排放。而对于二类工艺废气，通常采用除湿（捕集或加热）后并入排风系统共同处理。排风中含有微量的放射性气溶胶及碘物质等，一般是采用高效过滤器去除气溶胶，采用活性炭过滤器除去排风中的碘及其他有机杂质。

核电站的放射性固体废物主要是来自于冷却剂净化、放射性废液处理及废气处理中产生的蒸残液，废树脂以及废过滤器芯子等。这类固体废物体积虽然小，但是放射性水平较高。还有一部分固体放射性废物是放射性污染物，它包括遭受污染的工具、衣服、防护用品及气体过滤器芯子等。这类废物体积虽然较大，但是放射性水平不高。

对蒸残液和废树脂通常采用水泥固化的方法处理，即将废物（湿）与水泥按一定的比例放入桶中机械搅拌均匀混合，然后凝固成水泥固化物。对松软的固体废物，如报废的污染的衣服、纸张等，一般采用桶内压缩减容的方法，其装置是几十吨到几百吨的压缩机，将松软的废物装入碳钢桶中压缩减容，一般体积可缩小 3—5 倍。对过滤器芯子等不能或难于压缩的硬废物则采用水泥固定法，即把硬废物放入桶中，加入水泥砂浆“浇注”，从而达到固定的目的。

第五，要建立有效的核电站安全屏障，防止放射性物质外泄到自然环境之中。

第一道屏障就是核反应堆内的核燃料芯块。这种芯块属于物理与化学性能非常稳定的二氧化铀陶瓷块，它能将绝大部分的裂变产物吸附在里面。

第二道屏障是锆铌合金燃料包壳，它将核燃料及其裂变产物封闭起来，从而防止放射性物质进入一回路的水中。包壳材料能够耐高温、耐高压、耐辐照、抗腐蚀，其发生破损的概率十分低。核燃料芯块放入反应堆燃料包壳后，就形成了燃料棒，燃料棒再按照一定的规则排列起来，从而形成了燃料组件。

第三道屏障是核反应堆的压力容器以及密闭的一回路系统。压力容器相当于核反应堆的心脏，它由很厚的高级合金钢精加工而制成，具有强度大，塑性、韧性好，耐高温、耐高压、耐辐照等特性，可以抗震、抗腐蚀，一般情况下不会出现裂缝或者泄漏。压力容器与一回路系统构成的压力边界能够包容高温高压的冷却剂，从而防止放射性物质泄漏到反应堆的安全壳中。

第四道屏障就是核反应堆的安全壳。安全壳是由钢筋混凝土构筑而成的，其壁厚一般超过 1 米，内表面覆盖着毫米厚的钢板。安全壳不但能够在发生核事故时将放射性物质封闭在里面，防止其泄漏到外面的大气环境里，而且能够抵御自然或者人为的破坏。安全壳可以说是核反应堆最后一道坚固的屏障。

第六，要加强对核电站工作人员以及管理人员的培训，提高他们应对突发事件时的判断能力和解决事故的能力。

美国三哩岛核电站事故以及前苏联切尔诺贝利核电站事故的发生都说明了人的因素对核事故的升级或者消除都起着重要的作用。核电站工作人员的疏忽，操作上的失误，对核事故的错误判断，缺乏应急预案，这些都能让小事故发展为严重的核危机。

总之，核电站的安全问题对所有国家来说都是一个重大课题。国际原子能机构和各国政府为了提高核电的安全性，坚持执行“安全第一，质量第一”的方针，按照“合理可行尽量低”的原则，在改善安全措施以及加强管理上都作了很多努力，如此才保证了大多数核电站的安全运行。实际上，世界上没有绝对安全的核电站，只要人们进行精心设计、高质量建造、严格周密的运行操作和精心的保养维护，杜绝各类隐患，那么这样还是可以确保核电站的安全的。

3 建立核危机应急计划
——有备才能无患

目前，世界上的绝大多数核电站对安全都是极为关注的，核电站设有一系列的安全保护以及监督测量系统，对核电站的设备、自动控制程度、技术规格以及人员素质都有着极高的要求，目的就是为了保证核电站的每个环节都能安全地运行。实际上，世界各国的核电站在核电安全运营方面一直保持着很高的纪录。相对于那些常规能源，核电依旧是非常安全的能源来源。

但是，安全不代表着就永保无虞，世界上没有绝对安全的核电站。三哩岛核电站事故、切尔诺贝利核电站事故、福岛核危机就说明了在巨大的自然外力的作用下或是人为的错误操作都有可能引发严重的核事故。

因此，核电站及其相关负责部门一方面采取有效措施确保核电站的安全运转，另一方面还要制订出一套核危机出现时的应急计划，以保护人们的身心健康，降低核事故的负面影响，尽可能地减少核事故造成的损失。

为了预防可能发生的核事故，政府相关部门要提前制订一套有效的应急计划，以防止事态的进一步扩大。

1999年9月30日，日本东海村的一座铀转换厂发生了核临界事故。事故发生后，日本政府马上启动了全国应急系统，成立了应急领导小组以及专家评价组。

在处理事故的过程中，日本政府及相关部门也采取了相应的行动，都成立了应急特别工作组参与应急处理工作。政府相关部门相互协调配合，从而实施了庞大的危机应对措施：警察厅负责指导居民撤离、实施或者解除交通控制；防卫厅派出官兵以及相关的防化、去污车辆；科技厅成立特别工作组，组织专家提供技术支持，并提供屏蔽材料、防护材料、辐射测量仪器和仪表等；环境厅负责监测事故地区的环境变化；国土厅成立信息与灾害措施办公室，帮助实施防灾行动；文部省派遣医疗救护人员对事故地区的人群进行医学检查；厚生省负责对相关人员进行健康检查，并确保饮水与食物的安全；农林水产省负责监测事故周围地区的农、林、渔的放射性污染情况；通产省提供监测车辆与设备材料，派出工作人员协助事故现场做应急处理工作，组织由政府资助的金融机构为中小企业申请灾害救济款等等。

此外，日本运输省、海上保安厅、气象厅、邮政省、劳动省、建设省、消防厅、外务省等部门都为处理核事故提供了与本部门业务工作相关的各种支持与协助。

东海村核事故可以说是日本政府部门有效应对核危机的一个典型案例。这次成功的应急措施制止了事态的进一步扩大，在最大程度上降低了核事故的危害以及可能引发的后果。

除了政府部门要制订核危机应急计划以外，个人也应该掌握一些应对核事故的技巧与方法，从而在核危机来临时，人们能够有条不紊地躲避核辐射，保证自己的安全。

在发生核事故的时候，有多种途径会对人们产生不利的影响，其放射性是对人体的最大威胁。在核事故现场的人如果接触到大剂量的核污染物质，就会出现一些急性症状。而周围的居民只会受到一些小剂量核放射性物质的损害，可能会引发一些慢性症状的出现。

首先，放射性物质在空气中飘散的时候，会对人直接产生照射。那些放射性物质能够通过呼吸、皮肤伤口以及消化道等途径进入人的体内，从而引起内辐射。放射性物质沉降到地面以后，会污染某一地区的水源、蔬菜、瓜果等露天食品，人们在食用了这些食品之后，也会增加内辐射；又或是家禽、家畜吃了已经被放射性物质沾染的饲料，之后人们又由于喝奶、吃蛋、食肉而将放射性吸入了自己的身体里，从而引起了内辐射。其次，核事故出现以后，外辐射可以穿透人体一定的距离，然后被生物机体吸收，从而使人员受到外辐射的伤害。

在内外双重辐射之下，人就会出现放射病，其症状有很多，比如疲劳、头昏、失眠、皮肤发红、溃疡、出血、脱发、白血病、呕吐、腹泻等。严重的还会增加癌症、畸变、遗传性病变的发生率，甚至还会影响几代人的身体健康。一般来说，人的身体接受的辐射能量越多，那么他患上的放射病的症状也就越严重，致癌、致畸的风险也就越大。

为了防范在核危机发生时，放射性物质可能对人体造成的伤害，人们就需要根据核事故可能发生的各种情况，制订出一套有效的应急计划，用科学的方法推定不同范围、不同伤害程度的人应当采取的不同措施。

首先，在核电站发生核泄漏时，一些放射性物质很有可能在空气中到处飘散。为了预防可能遭受的伤害，人们在收到相关消息后，应当尽量往风向的侧面躲，迅速进入建筑物内。因为在外界停留的时间越长，吸入人身体里或者落到身上的放射性物质也就越多。而大多数建筑物可使躲在建筑物内的人员吸入剂量降低一半。

其次，要尽量选择较好的隐蔽地点。没有任何遮盖物的建筑物是起不了多少作用的，要选择密闭性比较好的地点，比如地下室等地区都可以有效地防御核辐射。人们进入室内要关闭建筑物的门窗，并且不要在门窗的附近停留。

再次，在核辐射到来之前，人们要用湿口罩、毛巾、衣服等物掩住自己的口鼻，这样可以挡住大部分可能进入身体内的放射性物质。

第四，人们要打开有线广播、收音机、电视机等能够接收到信息的设备，随时关注核事故的进展情况，还要收听政府相关部门的指导措施。政府部门可能会发放一些预防核辐射的药物，比如能防止或减少大气中放射性碘进入人体内后在甲状腺内沉积的稳定性碘。一些部门还可能对出现核事故地区的饮用水、食品等提出一些限制性措施，比如不能饮用露天水源中的水，不能食用当地生长的蔬菜瓜果等，对这些消息要随时加以关注，并采取相应的预防措施。

第五，一旦出现核危机升级的趋势，人们要听从相关部门的指示，作好紧急撤离的准备。在工作人员的指挥下，人们要携带最低数量的生活必备用品，到规定的地点集合待命，然后再有秩序、有组织地撤退到安全的地点。

总之，核危机应急计划是一项庞大、切实、具体、严密的核事故应对计划，需要各方面的人员都积极、有效地参与，当地政府领导机构、环保、卫生、监测、民政、警察、消防、邮电通讯、交通运输甚至军队等各个部门分工合作，相互协调配合，才能顺利执行这一计划。在具体执行过程中，从建立指挥领导机构到分配每一样设备、用品、车辆、药物，都要有专人负责，有专人负责操作、检查、保养、维修。一些特别重要的岗位还需要设置替代人员，在紧急情况下，一旦有人不能到位时，好按照次序替代上岗。

同时，人们还要定期进行不同规模、不同目的的核危机演习训练，对居民进行科普宣传，对核电站人员进行定期的岗位培训，如此多管齐下，才能让人们在核事故面前轻松应对。

4 加快核裁军进程
—— 核大国责任重大

想要真正地防止核危机的发生，人类除了保证核电站的安全以外，还要加大力度进行国际范围内的核裁军，大规模削减那些危害人类安全的核武器，直至将其最终销毁。

根据相关机构的统计，从美国于 1945 年首先研制出核武器至今，世界各国总共生产了将近 13 万枚核弹头，其中绝大多数是美国和苏联 / 俄罗斯生产的。特别是在冷战期间，美苏两国相互开展核军备竞赛，不断研发新式核武器，并大肆扩充自己的核武库。冷战结束以后，和平与发展成为了世界的主流。因此，美苏两个核大国也开始削减各自的核弹头，同时其核武库中的部分核弹头由战备状态转入了储备、非现役或者应急状态中。

到2002年，美国、俄罗斯、英国、法国、中国等五个合法有核国家以及印度、巴基斯坦和以色列等三个实际有核国家总共拥有3万多枚核弹头。其中，96%以上的核弹头是属于美国和俄罗斯的。在这3万多枚核弹头中，有人估计约有1.7万枚处在战备状态之中，剩余的则处于储备、退役或者等待拆除状态之中。

美国自从1945年以来已经生产了7万多枚核弹头，目前已经拆除了大约6万枚。在美国的核武库中，还有约1万多枚完整的核弹头。其中，有8000枚左右处于服役或者作战部署中。此外，还有几百枚核弹头等待拆除。根据《莫斯科条约》的限定，美国计划在2012年前，将“作战部署的战略核弹头”削减至1700—2200枚之间。那些计划削减的作战部署的核弹头将从现役的运载工具上拆除，然后列入“应急力量”或者是“非现役后备力量”中。如果一切按照计划进行的话，到2012年，美国大约会保留有1万枚完整的核弹头。

英国的导弹核潜艇

苏联/俄罗斯自从1949年以来，总共生产了大约5.5万枚核弹头，到苏联解体时仍存有3万枚核弹头。从20世纪90年代以后，俄罗斯每年都要拆除1000多枚核弹头，因此到目前约有1.8万多枚完整的核弹头保存在俄罗斯的核武库之中，处于服役状态的约为 8600 多枚，剩下的 1 万枚核弹头可能用于重新部署的后备力量，或者已经退役，或者正在等待拆除。根据《莫斯科条约》的限定，到 2012 年以前，俄罗斯作战部署的核弹头不得超过 2200 枚。但是苏联解体后，俄罗斯国力大为削弱，由于资源和资金的短缺，俄罗斯的核弹头保有量很有可能会超过 2200 枚。

英国自从 1953 年以来生产了 1200 多枚核弹头。在 20 世纪 70 年代，英国的核库存处于高峰期，拥有大约 350 枚核弹头。目前，英国大约拥有 200 枚完整的核弹头，主要部署在“前卫级”核动力弹道导弹核潜艇上，随时处于战斗值班状态。

法国自从 1964 年以来累计生产了 1260 多枚核弹头，其弹头保有量已经从 1992 年高峰期的 540 枚减少到目前的 350 枚左右。法国已经拆除了位于阿尔比高原的陆基弹道导弹，其核武库由弹道导弹核潜艇及其携带的潜地弹道导弹以及机载核武器组成。

印度和巴基斯坦不是国际社会承认的有核国家，但实际上他们总共拥有 100 枚左右的核弹头。据估计，这些核弹头大部分还没有进入作战部署阶段。其中，印度估计已经生产了可以制造 40—90 枚核弹头的核材料，但只组装了 30—50 枚核弹头。巴基斯坦生产了可以制造 30—50 件核武器的核材料，组装了 20—50 枚核弹头。而且，两国都在不断扩充各自的核武库。

美国总统尼克松

以色列虽然既未承认，也未否认自己拥有核武器，但国际社会普遍认为以色列已经成为了有核国家。有人估计，早在 20 世纪 60 年代，以色列就已经在组装核武器，现在它的核武库拥有200多枚核弹头。

众多的核弹头对世界的和平与发展始终是一种威胁，为此，很多国家也在积极努力削减核武器的数量。

1972年5月份，美国时任总统尼克松访问苏联。同月，美国和苏联两国政府在莫斯科签署了《限制反弹道导弹防御系统条约》(简称反导条约)，关于进攻性战略武器的某些措施的临时协定（第一阶段限制进攻性战略武器条约）及其文件。

1974年7月，美苏两国政府又在莫斯科签订了《苏美关于限制反弹道导弹防御系统条约议定书》，规定双方只能在本国首都周围或者在一个洲际导弹发射基地周围建立一个反导弹系统。

1979年6月，苏联和美国政府在维也纳签署了限制进攻性战略武器条约（第二阶段限制进攻性战略武器条约）以及条约的备忘录，发表了关于今后就限制战略武器进行谈判的原则和主要方向的联合声明。

1987年12月，苏联领导人戈尔巴乔夫在访美期间，与美国政府签署了消除中程和中短程导弹条约。1991年7月，美国时任总统老布什正式访问莫斯科，与苏联领导人会晤时签署了《削减和限制进攻性战略武器条约》，又称《第一阶段削减战略武器条约》。条约规定，双方把各自拥有的核弹头削减至不超过6000枚，运载工具减至不超过1600件。该条约于1994年12月正式生效，有效期为15年，条约于2009年12月5日到期。

1993年1月，老布什再次访问莫斯科，期间与俄罗斯政府签署了《进一步削减和限制进攻性战略武器条约》，又称为《第二阶段削减进攻性战略武器条约》。条约规定美国和俄罗斯拥有进攻性战略武器上的核弹头总数分别削减至3500枚和3000枚。然而，美俄两国关系在此后急剧恶化，因而两国都迟迟没有交换该条约的批准文件。

2002年6月，美国宣布正式退出反导条约，俄罗斯随即宣布不再接受第二阶段条约的约束与限制。

2002 年 5 月，时任美国总统布什与俄罗斯总统普京在莫斯科克里姆林宫的一个宴会厅签署了削减战略进攻武器的《俄美削减进攻性战略武器条约》（又称《莫斯科条约》）。这项条约规定：到 2012 年 12 月 31 日，双方将各自的战略核弹头削减至 1700—2200 枚，并自行决定进攻性战略武器的组成和结构；成立双边执行委员会讨论条约的执行情况；条约有效期至 2012 年 12 月 31 日；双方有权退出条约，但需提前三个月书面通知对方。

实际上，这项条约没有对削减哪些核弹头，削减的核弹头如何处理等问题加以明确的规定，没有对发展新的核武器和导弹防御系统进行任何限制，也没有相关的核查、信任和透明措施。所以严格地说来，《莫斯科条约》不能算是真正的、可核查的、不可逆的核裁军条约。

相对于《第二阶段削减进攻性战略武器条约》中规定的 3000 枚—3500 枚的限制，《莫斯科条约》削减了美俄各自实战部署的战略核力量的 2/3，虽然说削减下来的核弹头并不是全部销毁，但处于高度作战状态的战略核武器数量的减少则是必须承认的事实。美国和俄罗斯签署的这项条约在一定程度上也是有利于全球的核裁军事业的。

2008 年 4 月，美国和俄罗斯宣布将缔结一项新的具有法律约束力的军控条约。其后几经波折，终于在 2010 年 4 月 8 日，美国总统奥巴马与俄罗斯总统梅德韦杰夫在捷克首都布拉格签署了削减进攻性战略武器新条约。新条约规定：条约的有效期为 10 年；俄美双方需全面裁减冷战时期部署的核弹头与导弹；两国需各自减少 1/3 的核弹头数量，将各自的核弹头数量限制在 1550 枚以下；洲际弹道导弹发射架、潜舰发射弹道导弹发射架及配备核武器的重型轰炸机等战略武器运载工具的水平都要降低 50% 以上，总数以 800 为上限。

在全世界的核武库中，美国和俄罗斯拥有的核武器数量占据了绝大部分。因此，两国签署新的削减进攻性战略武器条约，对核裁军进程来说，对于世界人民的福祉来说，都是有着积极、重要的意义的。

5 努力防止核扩散
——只为和平，不为战争

自从美国于 1945 年在日本广岛和长崎投放原子弹以来，很多国家都在积极研发核武器。为了防控核扩散，也为了能够和平地利用核能，世界各国在战后签订了多项条约来保证核能被用来为人类的和平用途服务。

《不扩散核武器条约》及附加议定书

20 世纪 50 年代末 60 年代初，爱尔兰等国在联合国大会上提出了要求有核国家不向无核国家提供核武器和“防止核武器更大范围扩散”的议案。不扩散核武器条约的雏形由此形成。

1960 年，法国爆炸了本国的第一枚原子弹。4 年后，中国在罗布泊也成功地进行了核爆试验。对此，美苏两个超级大国认为照此趋势发展下去，会有更多的国家获得核武器。

因此，在 1965 年，美苏两国分别向日内瓦 18 国裁军委员会和联合国大会提出了防止核武器扩散条约草案。两年以后，两国又向 18 国裁军委员会提出了“不扩散核武器条约”的联合草案。1968 年 3 月 11 日，美苏两国再次提出联合修正案。

1968 年 6 月 12 日，联合国大会核准了这项条约草案。1968 年 7 月 1 日，英、美、苏等 59 个国家分别在伦敦、华盛顿和莫斯科签署了此项条约。1970 年 3 月 5 日，《不扩散核武器条约》正式生效。

《不扩散核武器条约》的宗旨是防止核扩散，推动核裁军进程和促进和平利用核能的国际合作。这项条约有十一条，有效期为25年，其间每5年举行一次审议会议，以此来审议条约的执行情况。

《不扩散核武器条约》的主要内容是：核国家保证不直接或间接地把核武器转让给非核国家，不援助非核国家制造核武器；非核国家保证不制造核武器，不直接或间接地接受其他国家的核武器转让，不寻求或接受制造核武器的援助，也不向别国提供这种援助；停止核军备竞赛，推动核裁军；把和平核设施置于国际原子能机构的国际保障之下，并在和平使用核能方面提供技术合作。

由于不结盟国家组织和一些无核国家的反对，这项条约因此只有25年的期限。到期后是否再继续延长，则要由多数会员国的意见来决定。这些国家之所以反对无限期延长，主要是认为核国家没有履行条约里的一些重要条款，例如全面禁止核试验，停止生产可制造核武器的裂变材料，对无核国家承担安全保证，允许无核国家获取和平利用核能的技术等。这些国家认为，如果无限期延长，就会使核国家放松核裁军的努力，使事实上的“有核与无核”成为永久不可改变的、不合理的分配格局。

1991年12月28日，中国决定加入这项公约，1992年3月9日递交加入书，同年公约对中国开始生效。1992年1月27日，法国决定签署《不扩散核武器条约》，同年8月3日正式把参加

美国和苏联代表签署《不扩散核武器条约》

《不扩散核武器条约》的批准文件递交给美国、英国、俄罗斯三个签字国。

1995年5月11日，在联合国《不扩散核武器条约》的审议和延长大会上，178个缔约国以协商一致的方式决定无限期延长该项条约。

1997年4月7日，此项条约缔约国在联合国总部举行1997年预备会议，会议审议了核不扩散与核裁军领域工作的进展情况。中国、法国、俄罗斯、英国和美国的代表发表联合声明，重申支持《不扩散核武器条约》。

2005年5月，《不扩散核武器条约》审议大会在纽约联合国总部举行，来自187个缔约国的代表参加了会议。由于与会各方代表在核裁军、防扩散和中东无核区等问题上存在着严重的分歧，大会最终没能就最后文件草案达成一致的意见。

2009年5月15日，联合国安理会5个常任理事国发表联合声明，强调支持《不扩散核武器条约》。

为了更有效地防止核扩散，1997年5月15日，国际原子能机构理事会核准了保障协定的附加议定书。截止到2005年11月，签署附加议定书的国家有106个。

《不扩散核武器条约》自生效以来，虽然面临着诸多挑战，但是这项条约仍然是维护世界核安全与合作的重要基石。

《南极条约》

从1958年6月起，阿根廷、澳大利亚、比利时、智利、法国、日本、新西兰、挪威、南非、美国、英国、苏联等12国代表经过60多次会议，在1959年12月1日签署了《南极条约》。这项条约于1961年6月23日生效。

该条约明确规定：南极应仅用于和平目的。在南极，应特别禁止任何军事性措施，如建立军事基地和设防工事，举行军事演习，以及试验任何类型的武器；禁止在南极进行任何核爆炸和处理放射性废物。

《拉丁美洲禁止核武器条约》

1967 年 2 月 14 日，墨西哥、智利等 21 个拉丁美洲国家在墨西哥城的特拉特洛尔科区签订了《拉丁美洲禁止核武器条约》(又称《特拉特洛尔科条约》)，无限期有效。该条约是在一个人口稠密地区建立无核区的第一个地区性条约。

此项条约采取对缔约国分别生效的方式。1967 年 9 月 20 日，该项条约首先对墨西哥生效。到 1999 年，33 个拉美国家已全部签署并对其生效。

《拉丁美洲禁止核武器条约》的主要内容是：缔约国只能为和平目的利用核能和进行核装置爆炸；禁止以任何方式在各自领土内试验、使用、制造、生产或取得任何核武器；不得以任何方式接受、储存、安装、部署和拥有任何核武器；不得以任何方式参加任何核武器的试验、制造、使用、拥有或控制；成立“拉丁美洲禁止核武器组织”，设全体会议、理事会和秘书处；全体会议为最高权力机关，负责检查条约执行情况，研究和制订和平利用核能的合作计划。

该项条约还有两个议定书。第一议定书规定，在本条约区外但对本条约区内的领土在法律上或事实上负有“国际责任”的国家，承担本条约规定的义务。到 1992 年 8 月，与该议定书有关的英国、荷兰、美国和法国已经签署并批准了议定书。第二议定书要求有核武器国家充分尊重该地区的非核化地位，不对缔约国使用或威胁使用核武器。到 1979 年 1 月，与该议定书有关的英国、美国、法国、中国和苏联都已签署并批准了议定书。

《南太平洋无核区条约》

1985 年 8 月 6 日，“南太平洋论坛”13 国首脑在库克群岛举行的拉罗汤加会议上缔结《南太平洋无核区条约》。该条约于 1986 年 12 月 11 日生效，无限期有效。《南太平洋无核区条约》的相关内容有：正式宣布南太平洋为无核区；在该地区禁止使用、拥有、试验或部署核武器或核爆炸装置，禁止堆积、倾倒核废料；不得向未接受《不扩散核武器条约》规定的安全保障条件的非核国家和未与国际原子能机构达成安全保障协定的核国家提供任何核材料和设备；第一议定书要求美国、英国、法国承诺在该地区各自的属地实施上述规定；第二、第三议定书要求美国、苏联、中国、英国、法国五个核国家不对该地区使用或威胁使用任何核爆炸装置和不在该地区进行核试验或倾倒核废料。此后，苏联和中国签署了有关的议定书，但是美国、英国与法国一直拒绝签署相关议定书。此项条约的缔结反映了南太平洋国家维护本地区和平与安全、反对核军备竞赛与核战争的共同愿望以及正当要求。

《中亚无核武器区条约》

2006 年 9 月 8 日，哈萨克斯坦、吉尔吉斯斯坦、乌兹别克斯坦、塔吉克斯坦和土库曼斯坦五国在哈萨克斯坦东部城市塞梅伊签署《中亚无核武器区条约》。条约获得五国批准后，于 2009 年 3 月 21 日正式生效。

这项条约是中亚五国共同签署的地区性集体安全合作条约。条约规定在生效后的 18 个月内，缔约国必须同国际原子能机构签署补充协议，确保全面履行条约责任。事实上,《中亚无核武器区条约》为打击国际恐怖主义和防止核材料及核技术落入非国家实体之手作出了极大的贡献。

《东南亚无核区条约》

1995 年 12 月，文莱、新加坡、印度尼西亚、马来西亚、菲律宾、泰国、越南、老挝、柬埔寨、缅甸等东南亚 10 国首脑在泰国首都曼谷签署了《东南亚无核区条约》(又称《曼谷条约》)。该条约于 1997 年 3 月 28 日生效，无限期有效。《东南亚无核区条约》的主要内容有：缔约国不得发展、制造、拥有、试验、使用和储存核武器，也不得允许任何其他国家在其领土上发展、制造、拥有、试验、使用和储存核武器；缔约国不得在无核区任何地方向海中倾倒或向空中排放射性物质或废料，也不得允许其他国家在其领上范围内向海中倾倒或向空中释放任何放射性物质或废料。

《非洲无核区条约》

非洲的无核区进程开始于20世纪60年代。1961年联合国大会通过了第一个关于非洲无核化的决议，从而拉开了非洲无核武器化进程的序幕。1964年第一届非洲统一组织首脑会议通过了《非洲无核化宣言》，宣布该组织成员国将在联合国的主持下缔结承诺不生产、不获取核武器的国际法律文件。

1996年4月11日，《非洲无核区条约》（又称《佩林达巴条约》）签约大会在埃及首都开罗举行，42个非洲国家的代表在条约文本上签了字。利比里亚、马达加斯加和索马里没有派代表与会和在条约上签字。截至1996年11月5日，已有48个非洲统一组织成员国签署了该项条约。

该项条约的相关内容有：正式宣布非洲大陆、非统组织岛屿成员国和非统组织各项决议认为属于非洲的所有岛屿为无核武器区；各缔约国承诺，禁止研究、发展、制造、储存、获取、拥有或控制任何核爆炸装置；禁止试验或部署核爆炸装置；禁止倾倒核废料；销毁或改变在条约生效前生产的核爆炸装置及其生产设施，并接受国际原子能机构的核查；与国际原子能机构缔结全面保障协议，严格遵守不扩散措施，以保证和平利用核能与核科技；对核材料、设施和设备进行有效保护，禁止对核设施进行武装攻击；第一、第二议定书要求美国、俄罗斯、英国、法国、中国五个核国家承诺不对非洲无核武器区内的国家和领土使用或威胁使用核武器，不在该地区内试验、协助或鼓励试验任何核爆炸装置；第三议定书要求法国和西班牙承诺在各自承担法理上与事实上的国际责任的非洲无核武器区内领土执行条约有关规定（法国已签署了议定书）。

总之，世界各国在战后为了维护世界的和平与发展，防止核大战的爆发，防止核扩散，缔结了众多地区与国际条约，这些条约有效地预防了核竞赛和核扩散，对于世界人民的安全与安宁产生了不可估量的影响。

后记

事实上，核危机从未离人类远去。自从人类认识到了核能与核技术的力量之后，其一方面在生产和生活中为人们贡献着巨大的电力与热能，为人们的科研活动提供着强有力的技术支持；另一方面也在军事领域得到了广泛的应用与发展。

核能与核技术的复杂性、危险性以及人为的错误操作都有可能引发各种核危机。事实证明，由核武器、核电站、核材料、放射源、放射性物质的运输以及其他核设施引起的核事故在核能发展史上屡见不鲜。核事故带给人们的除了巨大的人员与财产的损伤，还有难以消除的对“核”的恐惧情绪，这种情绪带给人的心理创伤可能会长期停留在人们的心灵中，难以得到彻底的治愈。

所以说，人们想要彻底远离核危机，想要不再遭受核事故的影响，不仅要完善监管机制，实现核能的安全利用，还要加快国际核裁军进程，并防控核扩散，更要从人类的生存与发展的高度，加强国际合作，尽力避免核危机的出现。

进入21世纪以来，虽然人们的生存环境得到了明显的改善，但是核危机仍然在威胁着人类的生存与发展。一些有核国家、无核国家还在积极更新或者研发核武器，令全球防控核扩散、推动核裁军的努力遭遇了更多的阻力；核人才、核技术与核武器的非法交易活动并没有得到有效的制止；人们在对核武器、核电站、核材料等的管理上还存在着隐患；除了国家实体，一些非国家实体也参与到了核扩散的活动之中，比如一些国际恐怖组织就在想方设法获取那些包括核武器在内的大规模杀伤性武器；更多的国家展开了以和平利用核能为目的的研发活动，这就使得人们不得不面对更多潜在的核危机。

这些在核能的开发与利用上出现的新趋势表明，核能仍将是未来解决能源危机的方向之一，但是如何防止个别国家或者组织以和平的名义秘密研发大规模杀伤性武器，如何保证核能真正地为人类的经济发展与社会进步服务，如何保证各国发展核能的公平性、安全性，如何在核能领域展开合作、加强信任，这仍是国际社会在将来必须要面对的重大问题。

只有解决了这些问题，人类才能远离核危机，才能享受核能带给人类的清洁与高效，也才能让人类头上不再悬着达摩克利斯之剑。

图书在版编目（CIP）数据

核危机回忆录 / 刘金川编著.—哈尔滨：哈尔滨出版社，2018.8

ISBN 978-7-5484-4126-7

Ⅰ.①核… Ⅱ.①刘… Ⅲ.①核武器问题-史料-世界 Ⅳ.①D815.2

中国版本图书馆CIP数据核字（2018）第140195号

书　　名：核危机回忆录

作　　者：刘金川　编著
责任编辑：李维娜　滕　达
责任审校：李　战
封面设计：源画设计室

出版发行：哈尔滨出版社（Harbin Publishing House）
社　　址：哈尔滨市松北区世坤路738号9号楼　　邮编：150028
经　　销：全国新华书店
印　　刷：哈尔滨市石桥印务有限公司
网　　址：www.hrbcbs.com　　www.mifengniao.com
E-mail：hrbcbs@yeah.net
编辑版权热线：（0451）87900271　87900272
销售热线：（0451）87900202　87900203
邮购热线：4006900345　（0451）87900256

开　　本：787mm × 1092mm　1/16　印张：16.5　彩插：4页　字数：220千字
版　　次：2018年8月第1版
印　　次：2018年8月第1次印刷
书　　号：ISBN 978-7-5484-4126-7
定　　价：42.80元